川に生きる

世界の河川事情

新村 安雄

中日新聞社

三章　川の未来……71

本書は、一〜四章は中日新聞、東京新聞生活面に連載された「川と生きる」(二〇一五年四月五日〜一八年五月二十日)に、「全長良川流下行」記は季刊『水之趣味』第五号(ベースボールマガジン社)に掲載されたものに加筆、修正してまとめたものです。

ブログへのリンク方法

各ページから、カラー画像、動画、関連情報を掲載したブログにリンクしています。

QRコードを使用する場合

スマートフォン、タブレットなどのカメラで写真左下のQRコードを読み取ります。ブログ「リバーリバイバル研究所」の対応するページにリンクしますので、コンテンツをご覧ください。

QRコードを利用するためには、あらかじめ、アプリ購入サイト（App Store、Google Playストアなど）からQRコード読み取りアプリをダウンロードする必要があります。また、無料アプリの利用も可能です。※全てのアプリの利用を保証するものではありません。

検索エンジンを使用する場合

スマートフォン、タブレット、パソコンなどで、Yahoo!、Googleなどの検索エンジンの検索窓に、音声入力、キーワード入力で「リバーリバイバル研究所」、文字の間にスペースを入れて、ページタイトル（例：「砂の行方」）と入力してください。検索マークをクリックすると対応するページにリンクします。

「リバーリバイバル研究所」は著者が利用しているgoo（NTTリゾナント運営）の個人ブログです。ブログ本文以外に表示されるCMなどは、著者とは関係ありません。

一章　長良川に暮らす

川のことは全て、長良川から教わった

川との決め事

八幡橋から跳び込んだ郡上八幡の小学生

郡上おどりで知られる岐阜県郡上市八幡町。町の中心を長良川の支流・吉田川が流れる川の町でもある。初めて町を訪れた人は、たぶん驚くことになるだろう。町中の橋から、子どもらが十メートル近い川へ跳び込むのを目にするからだ。

危険はないのか。

「川には暗黙の決め事があるんよ」

郡上八幡に生まれ育ち、橋から跳んだことのある大人たちはそう言う。

町中にある橋の一つ、八幡橋（通称・学校橋）から跳び込むには、橋の下の三角岩から始める。低いところから跳び、徐々に高いところから跳ぶ。子どもらは互いに、あそこに跳ぶと危ないなど、跳び方を注意しあうのだという。

「自分で判断するんや」

三角岩から跳べるようになったら、学校橋から跳ぶ。町内の小学生は、四年生くらいから吉田川の岩から跳び、毎年繰り返して、高学年で橋から跳び込めるようになる。学校橋は町で二番目の高さ。学校橋で自信が付いたら、いよいよ町の中心にある新橋からの跳び込みだ。

一人で川に行く子どもが心配ではないのか。

「心配やで。川は生きとるでな」

大人たちは、川は毎年同じではないことを知っている。出水があると川底の石が動き、深さや流れが変化する。今年できたあの渦は危ない。あそこは浅くなっている。川を大人たちも見ているのだという。

「どこの子が、どこで遊んどったか。みんなが見とる」

少し水かさが増しても川の様子は変わる。大人は川を見て、子どもと川の話をする。経験を伝えることで、子どもの川を見る目が育まれる。そして、今日は水が高いから川に行かないなどの判断も、子どもが自らするようになるのだ。

吉田川が有名になり、観光客が水難事故を起こすこともあるが、地元の子どもたちは何十年も死亡事故を起こしたことはないという。

「この町にいて『川に行くな』は死ねと同じじゃや」

川の町が世代を超えて、守ってきた川との決め事があった。　（二〇一六年八月二十八日）

川ガキとミズガキ

一大生息地・メコン（ラオス）で、くいから跳び込む「ミズガキ」

川辺のにぎわいが消え、暑かった夏も終わろうとしている。にぎわいといえば、川で遊ぶ子どもたちに勝るものはない。

魚類研究者仲間たちと飲んでいる時だ。魚類研究家で日本中の河川を知る君塚芳輝さんが「どこそこの川には『ミズガキ』がいる」という話をされた。

君塚さんは川で遊ぶ子どもをミズガキと名付けて、魚類など生き物と同じように確認リストに記録していた。

長良川河口堰《ぜき》建設に反対する作家、写真家が参加した出版プロジェクト『長良川の一日』（一九八九年、山と渓谷社）。私は長良川には普通にいるミズガキを紹介する一文を書いた。

エッセイなどを集めた本だったが、しゃれのつもりで「ミズガキ（河川遊泳型児童）」と、絶滅危惧の生物として、分布や生態などを論文調に仕立てて記述した。「ミズガキ」が活字となった最初の例だ。

それから二十七年。夏ともなると、各所で川遊び講習が開かれるようになったが、そこで生まれるのは「川ガキ」が多いようだ。

川ガキかミズガキか。どちらでもよいようなものだが、その区別点を挙げてみたい。

ミズガキはその川に固有のものだ。近くに住んでいて徒歩か、自転車で川に来る。持ち物はスクール水着とサンダル。水中メガネ、たも網やバケツなど採集道具を持っていることも。保護者はいないことが多く、自立した子どもらが、群れをつくって行動する。

川ガキは自動車で川に来る。水着はカラフルで、浮き輪は必須だ。最近はライフジャケットの着用率が増加している。川岸に布製の休み場をつくり、家族で行動する。

川魚のアユで例えれば、ミズガキは天然アユ。川ガキは養殖アユと言えようか。

ミズガキの最初の記録地は長良川だが、当地では川で遊ぶ子どものことを、ミズガキとも川ガキとも呼んではいない。川で遊ぶ。それは当たり前の、子ども本来の姿なのだろう。

（二〇一六年九月十一日）

鵜飼屋に暮らす

人が住む堤内地と川を繋《つな》ぐ鵜飼屋陸閘。川沿いの道路は増水時には冠水する＝岐阜市で

鵜飼が行われる長良川。岐阜城の反対側となる右岸に鵜匠が住む鵜飼屋がある。鵜飼屋と川の間には堤防が築かれ、車や人が川に通えるように門が開かれ、金属製のゲートが付けられている。普段は開いているその門、陸閘《りっこう》のゲートは川の水位が高くなると閉鎖して水を防ぐ仕組みになっていた。

私たちは一九九二年、鵜飼屋の地先、端に陸閘のある、川に面したマンションに住み始めた。

鵜飼屋での最初の夏、上流で大雨が降った。水の高さが気になって川を見ていると鵜匠や船頭さん十人ほどが川沿いの道に集まっている。何を見ているのかと様子をうかがっていると、ある一瞬、全員が各自の家に帰っていった。同時に水位はこれ以上高くはならないという判断をしたらしい。

翌年、水位が高くなる時を待ち構えて、鵜飼屋の人たちと並んで水面を見ていた。どうやら、流れの一番速い部分を見ているようだ。つぶやきが聞こえる。

「まだやな」。やがて「よっしゃ」と誰ともなく声がして、そこにいた全員がそろって帰っていった。

私には何が起こったのかがまったく分からなかった。親しくなっていた鵜匠の山下純司さんに聞いてみたが「波の形や」と、返ってきた言葉がまた謎であった。

三年目の梅雨、その年は雨が多く、川が増水する機会も多かった。水面に近い高さから見ていると、流れの中心には、先の部分が鋭角になった波が集まっているのが見えてきた。その波は水位が上昇している間は中央、そして岸よりへと位置を変えては、白く砕けて流れている。波頭がやがて同じところにとどまるように見えた瞬間、波頭から角が取れて、柔らかな丸みを帯びたような状態になった。

「あっ」と思った時、傍らの山下さんが言った。

「そうや、これ以上水は増えん」

波の形で増水のピークを知る。鵜飼屋で教わった川の知識だった。（二〇一五年九月六日）

鵜飼屋の母

鵜飼開催日には、岸辺に大八車を用意して鵜舟の帰りを待つ杉山寿美子さん＝岐阜市で

長良川鵜飼は毎年五月から十月までの長丁場。期間中は雨が降っても川が増水しない限り、鵜飼は行われる。その鵜飼を岸辺から見続けてきた方がいる。鵜匠杉山雅彦さんの母だ。

杉山寿美子さんは七十九歳。ご主人が鵜匠だった時代から四十年以上、鵜舟が帰ってくる岸辺に大八車を用意して鵜匠を迎える。

二〇一五年三月、長良川鵜飼は国の重要無形民俗文化財に指定された。そして、今、「清流長良川の鮎」は国際連合食糧農業機関（ＦＡＯ）の創設した世界農業遺産への登録を目指している*。新たな長良川鵜飼の時代だ。

見物するには典雅な鵜飼ではあるが、その本質はあくまでも漁だ。使用する鵜、道具、装束は毎年新しくしていかなければ立ちゆかない。

鵜匠の着用する漁服《りょうふく》にしても、篝《かがり》の火の粉は服を焦がす。繕いは欠かせないが、それでも消耗は激しく、年間三着は新調が必要だという。しかし、紺染め綿の反物を作る場所が見つからない。藍染め綿の反物はあるとしても、作業着としての用途には高価すぎる代物だ。

鵜舟に鵜を運ぶ鵜籠、アユを入れるせいろ。鵜飼に使う道具は、もともとはありふれた材料によって、近くに住む職人が作ってきた。今でも、高度な技術を持った職人を全国に求めれば、道具の多くを作ることは可能だろう。しかし、日々の漁で使う道具は消耗品として使われ、更新されてきたものだった。

長良川鵜飼を文化として残していくならば、その道具を作る技術・文化もまた残していく取り組みが必要なのではないか。重要文化財の指定が、鵜飼屋の人々に、新たな負担とならないことを願っている。

「残さないかん。絶えたらそれで終わり」。寿美子さんがそうつぶやいた。

今夜も鵜舟と遊船の灯に浮かぶのは、鵜飼を守り、子や孫の行く末を見つめる鵜飼屋の母の背中だった。

（二〇一五年九月二十日）

＊「清流長良川の鮎」は二〇一五年十二月十五日、世界農業遺産に認定された。

川を継ぐもの

篝《かがり》火《び》を焚《た》き、鵜を水面に放つ。鵜飼の準備をする杉山雅彦鵜匠＝岐阜市で

長良川河畔、鵜飼屋。鵜匠、山下純司さんの店「鵜の庵《いおり》　鵜」がある。近所に住んでいた頃、私は毎朝のようにお店に通った。以来二十九年になる。

昨年の夏の終わり、山下さんから電話があった。私が川漁師、大橋亮一さん、修さん兄弟に手配した救命具の入手先を知りたいという。四年ほど前、長良川下流で漁をされていた方が事故で亡くなられた。長良川の漁舟は、独特の形をしている。舟べりが高く、落水したらよじ登るのは困難だ。私は事故を知って、不安になった。

そして、大橋さんたちに、落水したら自動的に膨らむベルト型の救命具を使うように頼んだのだ。川漁師の高齢化は進んでいる。長良川漁協の組合長代理の亮一さんは漁師仲間にも、漁の邪魔にはならないからと、ベルト型救命具の着用を勧めているのだという。

高齢化と後継者不足は鵜飼の世界でも同様だ。鵜飼の時、鵜匠と舟を操るとも乗り、彼らを助ける中乗りの計三人が舟に乗る。鵜匠は世襲制で代々鵜飼を伝承してきた。大家族だった時代を経て、核家族が当たり前の現代、伝統を伝える鵜飼の技は、並々ならぬ家族の覚悟によって守り継がれている。

舟の乗り手がいないことも深刻だ。山下さんの鵜舟には中乗り見習いがいた。

「若い人が来てくれた。息子の代には、とも乗りを任せられれば」

山下さんは嬉《うれ》しそうだったが、その方は今年、鵜飼屋を去っていったという。

山下さんは七十七歳。

「百まで鵜匠。孫に鵜さばきを見せるまでやる」

守るべき伝統が、限られた人々と家族の背にかかる。

世界農業遺産「清流長良川の鮎」。そのシンボルともいえる長良川鵜飼が十一日に開幕する。岐阜県は「長良川」を世界に発信していくことを宣言した。認定の初年に当たり、私たちは長良川の未来について、思いを巡らす時ではないのか。川を継ぐものは誰かと。

（二〇一六年五月八日）

落ちアユの季節　瀬張り網漁

「ていな」でアユを獲る山中茂さん。この年を最後に85歳で川漁師を引退された＝岐阜市の長良川で

雨の後、長良川沿いに下って「落ちアユ漁」を見に行った。流れの速い瀬に人々が立ち、竿《さお》を振るっている。

「果実のよく熟して樹から堕ちるのをアエルといい」と民俗学の祖・柳田国男の著作『海上の道』にある。アエルはアユ、アユルなどと同じように使われたという。秋に成熟して産卵のため川を下る魚を、アユとしたのは、その生活の様を古人はよく知るからだろう。

落ちていくアユは、川の瀬頭にいったんとどまる性質がある。そのような場所は産卵にいい場所だからだが、下流にはもっと適した場所があることを知ってか、アユは、数を増して、群れとなってさらに下流に向かう。

瀬にとどまるアユを獲る漁法として、「コロガシ」「ガリ」という餌なしの針で掛ける釣り方が各地の川で行われている。

長良川には他の河川では見られない「瀬張り網漁」という漁法がある。瀬の上流側、川を横断して間をとって鉄筋棒を打ち込む。しなやかなロープを水面にわずかに当たるように、たわませて棒にくくり、両岸まで渡す。水中にはワイヤーロープを張り、白色のポリエチレン袋を並べて帯状に隙間なく通す。

水面では、たわんだロープが、水流でペタンペタンと水を打ち、水中では白い帯が光を反射する。川の中ほどを群れで下ってきたアユはこの仕掛けに驚き、方向を変える。水中の白い帯沿いに、浅瀬に向かって移動する群れめがけ、「ていな」と呼ぶ網を投じてアユを捕らえる。

ポリエチレンの白い帯、もともとは水中には葉の裏が白い柳や笹を敷いていたというが、現在の形に工夫したのは鏡島大橋下流で漁を営む山中茂さん。長良川漁協の副組合長だ。

山中さんはアユの動きを目で追う。仲間に声を掛け、一斉にていなを投じた。網はするすると伸び、水面に水柱の弧を描き、アユの群れを絡め取った。　（二〇一七年十月二十九日）

もう一つの長良川鵜飼

篝火の火の粉を浴び、鵜を統べる小瀬鵜飼の鵜匠、足立陽一郎さん＝岐阜県関市小瀬で

鵜舟の上は忙しい。鵜匠はアユを驚かせるための篝《かがり》に薪を焚《た》き、鵜たちを川に放つ。手縄が絡まぬように、潜る鵜の手縄が一番上になるように、持ち替える。ホーホホッー。声を掛け、頃合いを見て、鵜を舟に引き上げ、丸のみにしたアユを吐き出させて籠に取る。

長良川では二カ所で鵜飼が行われている。岐阜市内、岐阜城の直下、長良橋の上流で行われる長良川鵜飼が名高いが、その場所から十四キロ上流、岐阜県関市の鮎之瀬橋上流で行われるのが小瀬鵜飼。三人の鵜匠は長良川鵜飼の六人と同様に宮内庁式部職鵜匠だ。

小瀬鵜飼では、鵜舟が観覧船を伴い、川を下り漁をする「狩り下り」を見ることができる。左岸は愛宕神社の裏山、右岸は上流にホテルがあるだけ。暗闇の中で小瀬鵜飼は行われる。鵜飼の期間は両鵜飼とも五月十一日から十月十五日までの約五カ月間。今年の小瀬鵜飼は増水のため二日遅れて十三日に始まった。

鵜匠・足立陽一郎さんの鵜舟に同乗した。鵜舟は観覧船よりも上流の早瀬から滑り出す。河原の焚き火から船上の松割木に移した炎は小さい。鵜舟が速度を増し早瀬を下る。下流からの川風を受け、篝火は一気に燃え上がった。観覧船から歓声が上がる。鵜舟は観覧船を伴って川を渡る。岸辺の岩場で鵜匠は篝棒を回し、篝を観覧船のそばに張り出させた。篝棒がしなり、火の粉が舞う。カメラを構えた私の手や腕に、そして、寂しくなった頭頂の地肌に火の粉が降る。篝の間近で、鵜匠は炎に身をさらし水面下を凝視していた。

初日を終え、足立さんご家族と初物のアユをいただいた。鵜飼の季節の始まり。

「典雅な」と形容される鵜飼の様式美。漆黒の闇の中で観客を感動させた篝火の美しさに私も感動したと話した時だ。

「あの岩で、舟に当たるほど寄せておれば、もっとアユは獲れた」

お客さんに、鵜がアユを獲る瞬間を見せて、感動させたかったと、今年四十一歳の鵜匠は漁師の顔をして言った。

（二〇一六年七月三日）

魚は旅をする

「トロ流し網漁」という独特の流し網を使った漁法で行われているサツキマス漁

ほとんど全ての魚は旅をする。その生涯の中ですむ場所を変え、移動して成長してゆく。

日本の川で一番長く旅をするのは、マスの仲間だ。神奈川県から北の太平洋、日本海側の川にはサクラマス。静岡県から西、中国・四国、九州の一部、瀬戸内海に注ぐ川にはサツキマスがすんでいる。

五月二十四日、長良川では今年のサツキマス漁が終わりを告げようとしていた。長良川河口から三十八キロ上流の岐阜県羽島市に、七十年以上サツキマス漁を行っている大橋さん兄弟がいる。亮一さんは八十歳、修さんは七十七歳。サツキマスなどの川漁で生計を立ててきた。

私が大橋さん兄弟のサツキマス漁を記録することになったのは二十八年前、長良川河口堰《ぜき》が建設されることが決まった年だ。

河口を閉め切る潮止め堰。河口堰が完成したら、川の上流域で生まれ、伊勢湾で育ち、再び産卵のために川をさかのぼるサツキマスへの影響は避けられないのではないか。その生きた姿を見たい。そして、その漁を専門とする川漁師がいると聞き、長良川に通うようになった。

今年、サツキマスは漁が始まって以来の不漁だという。最盛期には一日五十匹は獲れていた魚が、今年は漁期の終盤でも五十匹に達しない。大橋さんは料理屋からの購入の求めを全て断って、網傷のない健康なサツキマスを獲ることに全力を注いでいた。岐阜県各務原市の世界淡水魚園水族館「アクア・トトぎふ」に、秋の産卵期まで生きる、状態のよいサツキマスを展示するためだ。

「この川に、こんな魚がいることを子どもンたに見てもらいたい」

一番のチャンスは日暮れの直後に始まる漁だ。残照の中で、川を横断して流し網を張り渡し、舟とともに一キロ余りを流れ下る。

明かりを灯《とも》して、網をたぐるとサツキマスが網に頭だけを引っ掛けて上がってきた。素早く、手網で魚体をすくいとった。

「キンキンのマスや」

そう言うと修さんは長良川の宝石をいけすに入れた。

（二〇一五年五月三十一日）

川漁師の矜持

刺し網を流してサツキマスを獲るトロ流し網漁
＝岐阜県羽島市の長良川で

「この漁は私の人生みたいなもんだテ」

サツキマス漁の網に付いたごみを外しながら、長良川の川漁師、大橋修さんがこんなことを言った。

「ええ時もあった。悪い時もある。漁もそうやった」

長良川河口堰《ぜき》の建設が始まるもっと昔、三十年前までは、サツキマスを獲る川漁師はたくさんいて、川岸には網を流す順番を待つ船が列をつくったという。河口堰建設が始まった二十五年前、河口から三十八キロの区間には三十人ほどの漁師がいたというが、現在は大橋さん兄弟だけだ。

漁は一人でした。昼間の時間帯は兄の亮一さん、夜は弟の修さんが網を流した。一九九三年は、河口堰のゲートがない、最後の漁の年だった。

その頃、私は毎朝、大橋さんのお宅に通い、出荷前のサツキマスの大きさと重さを量っていた。五月十二日、家で待っていると疲れ果てた二人が帰ってきた。軽トラックの荷台には、その日一日で獲れたというサツキマスが山盛りになっていた。百二十四匹。大橋さんたちの六十年を超えるという長い漁の歴史でも、かつてなかった大量のサツキマスだった。その日、一度網を流すと、三十匹ほどが一網で獲れたのだという。

「まンだおったけど、間に合わん」

尾西（現・愛知県一宮市）の料亭に持って行く時間が迫っていたので、漁を終わりにしたのだと残念そうに言った。

そんな大漁の日もあったが、今年は網を五回流しても一匹という日が続いていた。魚が獲れなかった漁の後、修さんはこんなことを言う。

「今、ちょっと網がかかったネ」

次の漁では、川底の障害物の場所を外して網を入れた。

たとえ、長良川が変わってしまっていても、自らが思い描く、理想の形で網を流すことができたなら、サツキマスの大群を捕らえることができるに違いない。網の動きを手で探りながら、川漁師の背中はそう語っていた。

（二〇一五年六月十四日）

カニの通り道

モクズガニ漁。大橋修さんは、最盛期には１回の籠上げで 200 キロの漁があったという＝岐阜県羽島市の長良川で

長良川の下流域で秋に行われるモクズガニ漁。

一昨年のこと、漁を始めるという日に、撮影の準備をして大橋さん兄弟のお宅を訪ねた。すると、弟の修さんが意外なことをおっしゃった。

「今日は舟に乗せられんよ」

大橋さんの舟に乗せてもらうようになって二十数年、春のサツキマス漁など、毎年何度となく漁に同行させていただいていたが、今まで同乗を断られたことなど一度もなかったのだ。

モクズガニ漁は籠を水中に設置する籠網漁だ。舟を追って橋の上から漁を見学することにした。

長良川河口から三十キロ、大藪大橋でしばらく待つ。やってきた舟にはカニ籠、篠竹（細めの竹）が積んであった。舟のエンジンを止め、竿《さお》で川底を探る。場所を決め、竿をさして舟の位置を固定する。その場所に五メートルくらいの篠竹を川底に差し込む。その作業は相当の力業で舟は激しく左右に揺れた。篠竹には餌となる魚のあらを入れたカニ籠が結わえてあった。

当時、七十五歳という修さんは舟の上を舳先《へさき》に行き、船尾に戻ってと、ほとんど小走りに動き回り、一連の作業を行うのだった。これでは舟に同乗することはとても無理だ。

見ていると不思議なことが気になりだした。橋の近くでは中央に、少し上流では右岸側に、そしてさらに上流の場所では左岸近くと、籠を設置する場所を変えている。漁場のある場所は河口から三十から三十六キロ、長良川河口堰《ぜき》ができて水位の変動が小さくなり、流れが緩やかになった区間に当たる。水面は平坦で水面下の様子は遠目には分からないのだが、大橋さんは何らかの違いを水面下に見通しているようだ。

船着き場で待って、どのような場所を選んで籠を仕掛けるのか尋ねた。

「通り道に仕掛けけんとカニは獲れん」

謎のような答えが返ってきた。

（二〇一五年十二月十三日）

流れない水面

モクズガニ漁の漁場。長良川河口から30キロ上流の大藪大橋から上流を望む

　その茫洋《ぼうよう》とも見える川のどこにカニの通り道があるのか。

　長良川の川漁師、大橋さん兄弟は秋になるとカニ籠を仕掛けて、海に下るモクズガニを捕らえる。漁場の岐阜県羽島市地先は長良川の下流域にある。流れはもとより緩やかなのだが、三十二キロ下流に河口堰《ぜき》ができてから、ずいぶんと様子が変わった。

　堰が完成する前の長良川下流域は、引き潮ともなると河口から十五キロ上流の木曽三川公園まで砂地が現れて、平瀬となって川は流れた。大橋さんの漁場付近では河床は礫《れき》で、長良川のアユの一番下流側の産卵場所だったという。今では満潮の高さに水位は上昇したまま、干潮でも水位が下がることはない。砂がたまり、アユは卵を産まず、川の流れを見ることはない。

私は一昨年秋、カニの通り道を探ることにした。

最新の魚群探知機（魚探）には便利な機能がある。測った水深と場所のデータをパソコンに取り込めば水中の地形を地図の上に表すことができた。魚探を積んだゴムボートで漁場をくまなく走り回ること二日、漁場の地形図ができあがった。

そこには、水面からは見えない川の流れ、河道《かどう》が示されていた。カニ籠はその河道に沿って配置されているのだった。

魚探を使うこともなく、大橋修さんはどうやって河道を探しているのか。

「最近の機械は何でも分かってまうでなぁ」

修さんは少し寂しそうな表情でそう言った。

「朝な夕なの、水面のさざ波は、流れで違うでね。竿《さお》で探れば底の深さと固さが分かる」

大橋さんは水面下に隠れている河道の場所を、目で見たわずかな水面の変化で読み、竿で河床を探り、見つけていた。そうした工夫を重ねて、長良川河口堰で変わってしまった川での漁を続けてきたのだった。

二〇一五年十二月十五日、国連食糧農業機関は「清流長良川の鮎」を世界農業遺産として認定した。大橋さんの漁場のある長良川下流域は、その認定範囲に含まれてはいない。

（二〇一五年十二月二十七日）

ウナギの寝床

「ウナギかき」を持つ大橋亮一さん＝岐阜県羽島市の長良川で

長良川の下流域、サツキマスの漁は川掃除から始まる。川漁師の大橋さん兄弟は三月下旬ともなると、風のない日を選んで川に出る。サツキマス漁はトロ流し網という独特の流し網で行う。網を流すのには、河床にゴミがないことが大切だ。上流から流れついて、大橋さんの漁場にたまるゴミの量は、毎年二トントラックいっぱいほどにもなる。

兄の亮一さんが奇妙な道具を手にしている。金属の平たい棒がなぎなたのように曲がっている。刃はなく、先端は外側に反り返って、細い溝になっている。

「昔は、冬になると、これでウナギを獲りよった」

溝の部分でウナギをはさむのだという。その道具は鋼でできていて、以前、近所の鍛冶屋さんが作った。力を加えてもその溝が折れることはないという。

二〇一五年夏、伝統漁業についての企画展示が、埼玉県と栃木県の博物館で同時期に開催された。

目についたのは「ウナギかき」という冬眠するウナギを獲る道具だった。荒川（埼玉県）では「ウナギカキ鎌」。栃木県内の思川《おもい》、渡良瀬川などで「ウナギヤス」という道具を使ったという。共通するのは、先端が櫛《くし》のような突起になっていることだ。その突起でウナギを引っ掛ける。

長良川に戻って亮一さんに「ウナギかき」の話をした。

私は「先が尖っていては獲ったウナギに傷が付く。長良川の道具はウナギを傷付けない優れた道具だ」という感想を述べた。亮一さんは、それもあるが、漁法が違うと言った。

「ここいらでは、漁は二人でした。一人が船の脇にカキ棒を持って固定する。もう一人が陸から、船ごと綱でひいた。ウナギはひとところに、何匹かいたから、まとめて二、三匹は獲れた」

かつての長良川とその支流は、ウナギが冬眠する「ウナギの寝床」がいたるところにあったという。長良川はウナギの川でもあったのだ。

あの道具、正しくは何と呼ぶのだろう。

「ウナギかき。今はゴミかき」。亮一さんは言った。


（二〇一七年三月五日）

海に向かう魚

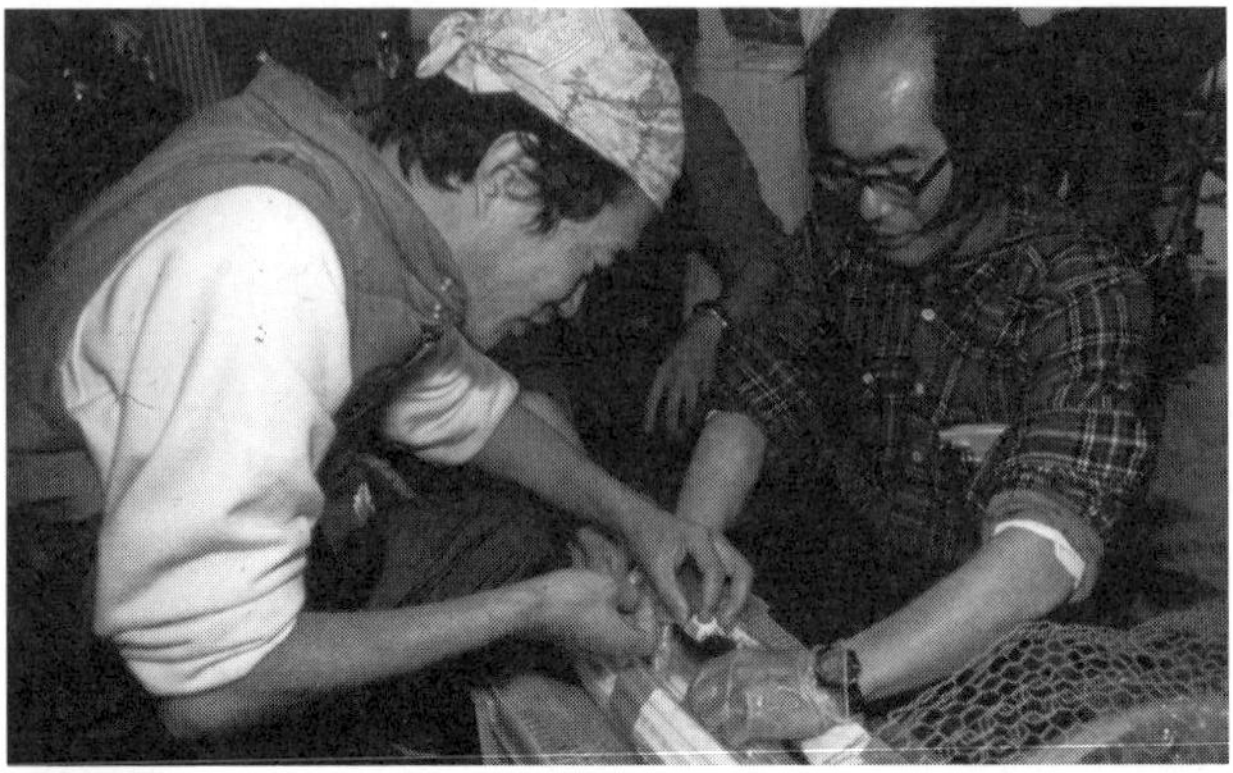

サツキマスに麻酔をして、背中に小型電波発信器を付ける

朝の空気が凍る季節、長良川の上流では穏やかな水面のそこかしこに、水の輪が広がった。その輪の下には魚の姿が。それは、海に向かうシラメと呼ばれる魚の群れだった。

シラメは、渓流域にすむアマゴの中で、海に下る準備をした魚だ。魚体の変化は海水の塩分に備えるため。銀色になることから「銀化《ぎんけ》アマゴ」と呼ばれる。アマゴは西日本の太平洋岸、中国・四国・九州の瀬戸内海に注ぐ川に分布するが、シラメが現れるのはサツキマスの遡上《そじょう》する川だけだった。

シラメを放流することで、サツキマスの数を増やせることを岐阜県水産試験場（現・岐阜県水産研究所）が実証している。一九七九年には、放流したシラメの十二・六パーセントがサツキマスとなって翌春に漁獲された。放流による資源保護が容易な魚とされ、長良川河口堰《ぜき》建設による影響は少ないと見なされていた。

どのようにシラメは海に向かうのか。私たちは超小型の電波発信器をシラメの背中に付け追跡調査をした。

九四年は長良川河口堰が稼働する前年だった。岐阜市内、鵜飼観覧場から放流した二匹は二十四時間で十六キロ下り、満潮時に流れが遅くなると、その場所から下る速度がゆっくりとなった。翌九五年、同じ場所から四匹を放し追跡するが、河口堰によって水位が変化しなくなり、流速が遅くなる場所で、移動が止まってしまった。シラメは、流れに任せて川を下る。積極的に泳いで、自ら海に向かうわけではないようだ。

河口堰の影響を避け、効率よく海に向かわせよう。二〇〇五年から長良川漁協などによって河口堰に隣接する人工河川にシラメを放流し「におい」を記憶させ、半ば強制的に海に放つ試みが行われている。しかし、サツキマスの漁獲数は激減した。川漁師・大橋さん兄弟のサツキマス漁獲数は、かつての千匹ほどが今年は三十匹に満たなかった。

河口堰稼働から二十二年。

放せば、サツキマスとなって帰ってくるシラメだった。海と川との分断の時を経て、その特性は失われてしまったのではないのか。

（二〇一七年十二月二十四日）

川漁師のワザ

大橋亮一さん（奥）、修さん兄弟。修さんが持つのは、水槽のサツキマスの写真

「どうね、みな元気で泳いどったかね」

大橋亮一さん、修さんの兄弟は長良川の川漁師。五月初めから二人が獲ったサツキマスが、岐阜県各務原市にある淡水魚の水族館「アクア・トトぎふ」で展示されている。その水槽を見てきたと話すと亮一さんはそう言った。

国内に水族館は百余りあるというが、サツキマスを展示しているのはここだけだ。

サツキマスは秋の終わりに海に下る。伊勢湾で冬を過ごして、サツキの花が咲く頃に川に戻ることから、その名が付けられた。

海から戻った銀色の魚体は弱い。塩分に耐えるための鱗《うろこ》は剥《は》がれやすく、傷も付きやすい。魚体に傷が付くと、そこから、水生菌が繁殖して死んでしまう。網で傷が付かないようにサツキマスを獲る。それができるのは大橋さんたちだけだ。

サツキマス漁は「トロ流し網」という独特の漁法で行われる。川の中で、流れの緩やかな深みをトロという。漁に使う網は二枚重なる。下流側の目の粗い網は浮きと重りでピンと張られている。上流には目の細かな、大きな網がゆったりと重なり、下流に開いた大きな袋のような形をしている。網の幅は百メートル、網の端に「えべっさま」と呼ぶ浮きを付け、川を横断して張り渡し、舟と並ぶように一キロほどを流れ下る。

上ってきたサツキマスは、上流側の網で行く手を阻まれ、鼻先を網に付けて、ツンツンとするのだそうだ。その状態で、網をたぐり、舟を寄せ、マスを手網ですくい上げる。熟達の技だ。

「なんとしても入れたかった」

今年は終盤までかかって十匹のサツキマスをアクア・トトに納めたという。長良川河口堰《ぜき》ができるまでは、一日で獲れたサツキマスの数が、今年の漁期の全てだった。

水族館の水槽で、サツキマスを見ることがあったら思ってほしい。その美しく、完璧な姿は、気力と体力を注いだ川漁師のワザの賜物《たまもの》であることを。

（二〇一七年五月二十八日）

二章　長良川河口堰が変えたもの

長良川に暮らすようになった
川の変化を見届けることになった

幻の大マス

伊藤猛夫教授が1950年代、吉野川で撮影した「サツキマス」

いつも川を見ていたというわけではない。私は二十代の後半まではもっぱら海辺に暮らしていた。

一九八七年春のこと、知人からある依頼があった。六〇年代初頭に行われた長良川の生物調査。調査の主要メンバー、愛媛大学の伊藤猛夫教授（当時）より報告書を借用し、その内容を整理してほしいというものだ。私は伊藤教授の研究室で、生態学を学んだ。先生からお借りした資料の名は「木曽三川河口資源調査報告」。KSTと略す。先生はこんなことを言われた。

「長良川にはおもしろいものがいる。もっと調べたかったが、調査は三年で終わった」

五年間で発行された報告書は本編だけでも七千ページ余あった。

ＫＳＴだけでは河口堰《ぜき》による影響の全容は分からない、改めて、現地調査をする必要があるのでは、という報告書をまとめた。依頼先から思いがけず、調査するならば、どのような内容が必要か、との問い合わせがあり、簡単な調査計画書を作成して提出したが調査は行われず、翌年、長良川河口堰建設は開始された。もっと、長良川のことを知りたい。私が長良川に暮らすきっかけだった。

先生がお亡くなりになり、一昨年から私は残された資料の整理をすることになった。吉野川など、四国の川の資料は徳島大学で保管することに、長良川の資料は、私が預かることになった。長良川にいるおもしろいものとは何か。残された資料は、アユについてが全て、その謎は解けなかった。ところが一年ほどして、先生が最後まで手元に置いていたという資料を新たに入手する。

その大量の資料の中に「吉野川マス」と書かれたネガフィルムが入っていた。パソコンに取り込むとそこには、特徴的な模様のある大型のマスの姿があった。ダムができる前の吉野川で、先生はその大マスを見ていた。そして、調査に訪れた長良川に「カワマス」と呼ばれる大型のマスがいることを知り、その由来を調べようとされていた。

岐阜県水産試験場（現・岐阜県水産研究所）の研究者によってアマゴが海に下り、大型のマスとなると解明され、サツキマスと名付けられる前のことだった。

（二〇一八年三月二十五日）

若くてばかで、よそ者で

長良川河口堰建設が始まってからも反対運動は拡大した。1992 年 10 月にはおよそ 1 万人、カヌー数百隻が集まった（山村佳人さん提供）

長良川は河口堰《ぜき》のゲートが閉ざされて二十年目の夏を迎える。

堰の建設が始まったのはその七年前、一九八八年の七月だった。

起工式に合わせ、源流から河口まで、川下りをしてダムのない長良川に、ダム建設が始まることをアピールしようとした二人の若者がいた。

出発の前夜は源流の大日ヶ岳中腹に、テントを張った。高鷲村（現・岐阜県郡上市）の砂防堰堤《えんてい》から二人の川下りは始まった。装備はウエットスーツ、マスク、シュノーケルに足ひれ。荷物は水中カメラと貴重品入れの防水バッグ、そして小さなのぼり旗が二本。見送ったのは新聞社の記者などが数人。河口までの距離は約百四十キロ。本当にたどり着けるのか。

上流は転げながら歩き、滑り、下った。アユ釣りの季節とあって、郡上の二十キロこそ翌年のアユ釣り解禁前に延期したが、支流板取川の合流部からは、林立する釣り竿《ざお》の間、流れの中の岩にすむ大アユらを見ながら泳ぎ下った。

岐阜市から下流はひたすらに泳いだ。日の出とともに川に入り、夕方に泊まる場所を探して岸に上がるまで、ただ泳いで、起工式の前夜七月二十六日、河口まで泳ぎ着いて河原にテントを張った。

源流から泳ぎ下ったうちの一人は、私だ。川を下って建設に抗議するというばかげた行動をする若さがあり、そして、その当時は川崎市在住のよそ者だった。

長良川河口堰建設には地元の漁業者、市民の長い反対運動の歴史があった。それを思い、私たちは「勝手に反対する会」つまり、よそからの行動であると名乗ったのだった。そして「勝手」には込めた思いもあった。環境問題には地元とそれ以外という区別はないということだ。失われる自然は、人類全てが失う未来でもある。

起工式の当日には四国松山から三人が合流して総勢は五人。多くの工事関係者と報道陣、上空にはヘリが飛ぶ。長良川の川幅は六百六十メートル、五人は横一列に並んで、悠然として川を下った。

（二〇一五年六月二十八日）

潮のポンプ

向かって左に長良川、右に揖斐川、左奥に木曽川を望む＝岐阜県海津市の木曽三川公園センターで

川の下流域には自然の「ポンプ」がある。一日に二回、大量の水を海に送り出している。このポンプの正体は、潮の満ち引きだ。潮が満ちる時、海の水は川をさかのぼり、流れを押しとどめる。潮が引く時に、とどまっていた海水は、川の流れとともに一気に海へと流れ下る。

潮によって水位が上下し、流速が変化する「潮のポンプ」のあるところは、潮を感じる場所ということから「感潮域」と呼ばれている。長良川の場合、感潮域は新幹線の長良川橋梁《きょうりょう》の上流、河口から三十八キロ付近まで。感潮域の上流部は淡水だが、下流には海水が混ざった、汽水域ができる。

アユの仔魚《しぎょ》は、腹に栄養分を持って生まれる。その栄養だけで十日ほどは生きていけるのだが、五日目くらいから、餌を食べないと飢えて、死んでしまう。餌となるのは小さなエビ、カニの仲間で、汽水域にいる。

長良川で、アユの産卵する場所は、感潮域より少し上流の瀬から、河口より六十二キロ上流までの二十三キロに及ぶ。卵からかえったばかりの仔魚は六ミリほどと小さく、泳ぐ力は弱い。その小さなアユが、遠い下流の餌のある汽水域までたどりつけるのは「潮のポンプ」のおかげだ。

アユが卵からかえるのは夜だ。昼間は川底で休む。浮いて下るのは暗くなってからだ。仔魚は、他の魚にとっては、いい餌だから、昼間に下れば食べられてしまう。秋から冬の大潮の頃には、昼間よりも夜の潮が大きく引く。仔魚は、夜、「潮のポンプ」の流れに乗り、泳がなくても川を下ることができた。

河口堰《ぜき》は潮止め堰とも呼ばれる。止めるのは潮の満ち引きであり、塩分だ。河口堰建設により潮のポンプはなくなり、汽水域も河口堰の下流へ、十キロ余り後退し、仔魚にとって、餌場はさらに遠くなった。

汽水域に達するまでの日数は、建設前には、四日未満、それが建設後には、十二日以上もかかるようになった。ふ化後五日から餌をとることが、生き残る条件だという。ふ化したアユは、海へ行くことが難しくなったのだ。

（二〇一七年一月八日）

大アユの消えたわけ

長良川河口堰右岸に併設された人工河川。アユのふ化事業に利用されている

潮の満ち引きがつくりだす「潮のポンプ」は、引き潮時に、下流域の川の流れを速めて、ふ化したアユの仔魚《しぎょ》が、下流に向かう移動を助けていた。

長良川に河口堰《ぜき》ができ、潮のポンプはなくなり、仔魚が汽水域にまで下る日数は倍以上となった。日数が増えると、餌のある汽水域まで到達できず、仔魚は死んでしまう。水温が高いと仔魚の活動は盛んで、腹に持つ卵の栄養を早く使い切る。低い水温の時よりも、高い水温の時にふ化した仔魚は、生き残ることが難しかった。

河口堰建設以前、長良川ではアユの産卵は十月半ばに盛りを迎えた。最初に産卵するのは大型のアユ、水温が低くなる十一月以降に、小ぶりのアユが産卵を始めた。水温の高い、早い時期に生まれた大型のアユの仔魚は死に、遅く生まれた小さなアユの仔魚は生き残る。それは、海域でのアユの生活期間を短くし、翌春、川に戻るアユの遡上《そじょう》時期の遅れ、アユの小型化を起こすことを意味した。

その対策として、河口堰の右岸に併設されたのが人工河川だ。下流側はアユのふ化用水路となっている。岐阜市内で捕獲され、人工的に受精させた卵は、シュロの繊維に付けられている。二週間ほどで、ふ化した仔魚は、水路から魚道を通って河口堰を下り、すぐに餌をとることができるようになった。

この人工河川が完成した時、私は長良川漁協から依頼され、人工河川を使用したふ化事業で、どのくらいの仔魚が生きて海に下れるのかという調査をした。

結果として、自然の川で産卵して、ふ化するアユが一番多い十月中旬には、人工河川の中では表面に水カビが付くなどして、死んでしまう受精卵が多いことが分かった。水温が高すぎたのだ。

現在、長良川漁業対策協議会と長良川漁協は、水温の下がる十一月から、受精卵を人工河川に運び、多くの仔魚を海に送り出している。しかし、「潮のポンプ」があった頃のように、水温の高い時期に生まれ、いち早く川に戻り、最上流域まで遡上してたくましく育つ大アユを、長良川は取り戻してはいない。

（二〇一七年一月二十二日）

開いている河口堰

台風５号の降雨で、全ゲートが開いた状態の長良川河口堰（ドローンで撮影）

大雨の予報に、長良川の水位が気に掛かる。近づく雨雲の広がりをネットで見て、この雲がどのくらいの雨を降らせるのかと考える。

美濃路、墨俣《すのまた》（岐阜県大垣市）付近の長良川には水位の自動観測点があり、十分ごとの値をスマートフォンなどで確認できる。普段はマイナス二・八メートルくらい、氾濫危険水位は七・七メートル。水位がゼロメートルを超えると、長良川を流れる水の量は毎秒八百トン、長良川河口堰《ぜき》のゲートが開くのだ。

流量が増加して河口堰ゲートが開くのは、毎年二、三回はある。ゲートが開く瞬間に何が起きるだろう。その時をゲートの上で待つことにした。

岐阜市内から河口堰までは堤防道路を通って

二時間弱。河口堰の管理橋の上から、ゲートを見る。上流側の水位は下流より高いのでゲートから水が落ち、水音が響いている。

突然、操作室から開閉装置のモーター音がして十二門全てのゲートが上がり出した。その瞬間、訪れたのは静けさだった。ゲートが上昇して、落差がなくなったのだ。水音が消えた管理橋の上にゲートを巻き上げるモーターの音だけが聞こえている。

水の流れを止めている堰がなくなり、落下する水音がなくなる。それは、あっけないほど円滑な変化だった。管理橋の上を往復してみる。ゲートが上限まで上がり、巻き上げのモーターの音がやむと、拍子抜けする静けさがあった。

管理橋から、漫然と水面を見る。水面に不思議な文様が現れていることに気が付いた。薄茶色の泥濁りの水面に、より濃い色の濁りの水塊が、わき上がって広がる。濃い色の輪郭はたちまち薄まって消えるのだが、新たな水塊はふつふつとわき上がり、河口堰上流側一面に広がった。

おそらくは、河口堰上流の堆積物が、酸素の少ない状態で黒っぽく変化したヘドロなのだろう。上流から押し寄せてくる濁りの塊の連なりを、音のない叫びのように感じていた。

（二〇一七年八月二十日）

幻の干潟

長良川河口堰が全開され、上流側に現れた干潟（ドローンで撮影）

年に二、三回、現れる干潟がある。大水が出ると、全てのゲートが開けられる長良川河口堰《ぜき》。その上流に幻の干潟がある。

河口堰は、大水に備えて河道《かどう》を掘り下げるために造られた。掘り下げると、海水が上流に上りやすくなるが、それを防ぐのが河口堰建設の目的だ。川の中央部は河口堰の幅で、上流二十キロ付近まで掘られているが、両岸には浅場が残っている。ゲートが開くと、川の水位が下がり、岸沿いには浅場が干潟となって現れる。

干潟といえば、同じ伊勢湾北部にあるラムサール条約登録地の藤前干潟が有名だが、長良川にも藤前に劣らない干潟があった。干潟のある河口域は生き物の宝庫、そして長良川の河口域は、ヤマトシジミの日本屈指の好漁場だった。

長良川のシジミ漁場は、河口から十五キロ上流、木曽三川公園近くまで広がっていた。満潮時に塩水がそこまでさかのぼったからだ。ヤマトシジミには雌雄がある。雌雄が成熟して産卵するには海水の五分の一くらいの塩分が必要だ。そして、受精後、三〜十日の間、浮遊して生活する幼生の時にも塩分がいる。

しかし、河床に着底したら塩分はなくても大丈夫。塩分がない場所のヤマトシジミは明るい褐色に育つ。宮城県の北上川では淡水域で育ったものを、その色調から「ベッコウしじみ」というブランドにしている。

上流の大水が河口に達するには時間がかかる。この時間差を利用して、堰の上流側にヤマトシジミの幼生を定着させることはできないか。

河口の流量が増える前にゲートを開ける。幼生は潮に乗って上流へ移動して着底する。川の中央は流れが速いが、岸際の干潟では流れは緩やかだ。幼生は稚貝になり、二年後には漁獲できる大きさになる。河口堰上流の塩分は、大水が海へと流す。

ヤマトシジミの繁殖期は七月中ほどから九月初め。今年この期間、ゲートは二回全開されている。チャンスはあったのでは。「幻の干潟」を見て考えたのだ。（二〇一七年九月十七日）

追加された魚道

河口堰の右岸側に設置された「せせらぎ魚道」。自然の川の流れを模している水路式の魚道だ

「早瀬式の、中流域の早瀬に似せたような魚道をあそこに設置するのが一番いいんじゃないかというふうに思うんです」

一九九一年十一月二十五日、第百二十二回国会参議院環境特別委員会。水野信彦・愛媛大教授（当時）は、長良川河口堰《ぜき》にどんな魚道が適しているかという質問についてそう証言した。

河口堰の建設は八八年七月に始まった。その時点で、両岸に「呼び水式魚道」と「ロック（閘《こう》門《もん》）式魚道」を各一基設置する計画だった。委員会の議事録を見るとこれら二種類の魚道の有効性について議論されているから、「早瀬のような魚道」はこの証言以降に計画されたということだ。

呼び水式魚道とロック式魚道。河口堰の建設に先立つこと二十五年前に実施された「木曽三川河口資源調査（KST）」。六四年から五年間発行された報告書を見ると、三年目にすでに二種類の魚道の項目がある。

水野教授は、呼び水式などの階段状の魚道は「一様な流れ、一様な水深」であること、対して自然な川を模した「水路式魚道」は水深、流速に多様性があり、流量が変化しても生物は自分の体力に合わせた流れを選ぶことができると証言している。「水路式魚道」は「せせらぎ魚道」として右岸側に設置された。

河口堰運用開始後、五年となる二〇〇〇年。私は当時の建設省（現・国土交通省）が公開した魚道のデータを分析して学会誌に発表した。この時、魚道を流れる水量について長良川河口堰管理所に問い合わせたのだが、意外な事実を知る。せせらぎ魚道は、河口堰と一体となって管理されているのだが、水資源開発公団（現・水資源機構）に属する施設ではなく、建設省の管轄だという。

川を知る魚類学者の証言がきっかけで、河口堰建設中途から追加された「せせらぎ魚道」。多様な水深、流速を持つ自然の川を模した魚道は、アユの遡上《そじょう》数も多く、アユ以外の多くの生き物にとっても大切な通り道として機能している。

（二〇一八年四月八日）

よみがえる「マウンド」

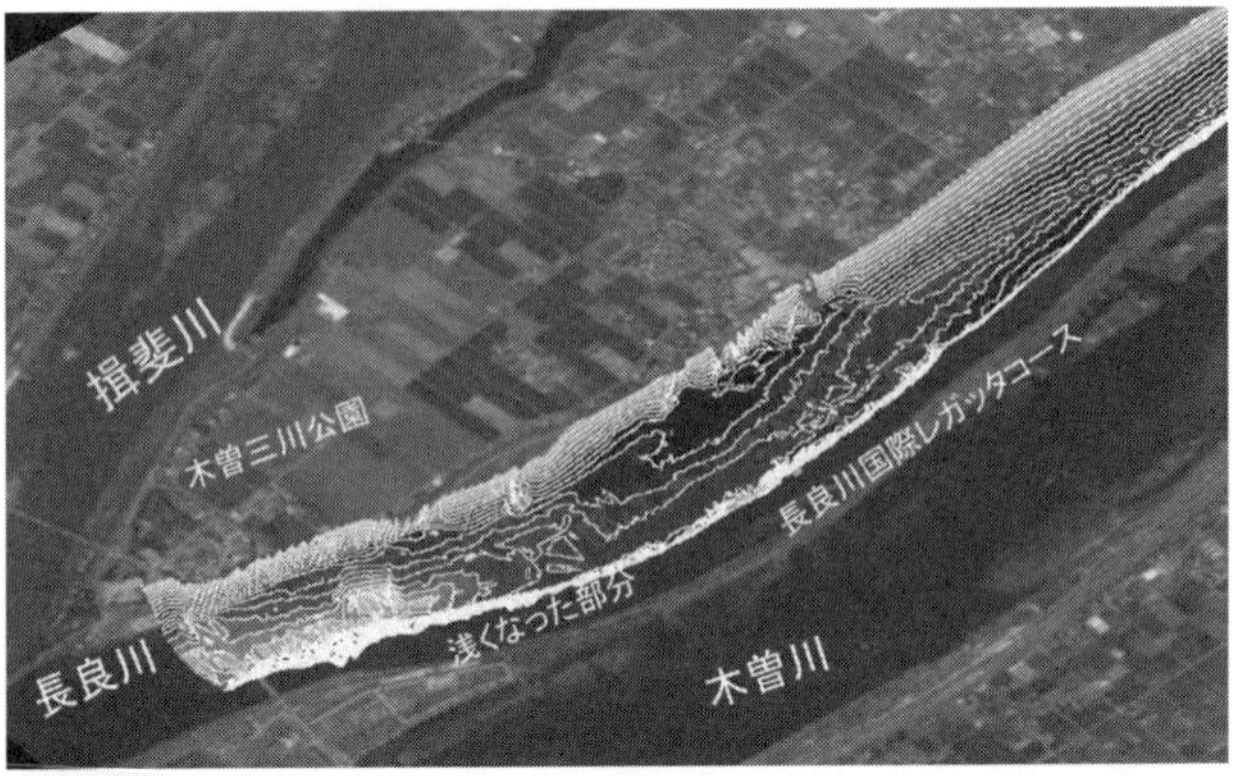

河口から 16 キロ付近。以前「マウンド」と呼ばれる浅い場所があったところの河床地形図

「あんたの魚探（魚群探知機）で測れんやろか」

長良川の川漁師、大橋亮一さんからの電話だった。大橋さんは愛知県長良川河口堰《ぜき》最適運用検討委員会の委員をしている。委員の今本博健先生が長良川の水深を測りたいので協力してほしいという。今本先生は元京都大学防災研究所所長、河川工学の泰斗だ。国土交通省などの各種委員を歴任され、淀川水系流域委員会の委員長の時には「ダムによらない治水」という提言をとりまとめられている。

私は魚探を使って大橋さんの漁場の河床地形図を作ろうとしていた。最新の魚探は水深・位置を記録。そのデータからパソコン上で河床地形図を作る機能を持っている。その図から私は、どこに網を入れたら魚が獲れるかという「川漁師の秘伝」を解き明かそうと考えていた。

今本先生が水深を測りたいというのは、長良川河口堰が建設される前に、海水が上流に遡《そ》上《じょう》するのを止めていたという「マウンド」という浅い場所。その場所の水深が現在はどうなっているのかという情報だ。もちろん、国土交通省は定期的に水深測量を行っている。しかし、委員会として自前の観測データを持つ必要があるのだという。

私の船外機付ゴムボートは鈍足。大橋さんの舟と分担して河口堰のある河口五・四キロから三十八キロ上流まで、七日余りを要して測定を終えた。

さて、問題の「マウンド」部分はというと、歩いて渡れる、というような浅場はなかった。しかし、河口堰完成後、浚《しゅん》渫《せつ》して深く掘ったはずの河床には浅い部分ができていた。そして、漕《そう》艇《てい》場（長良川国際レガッタコース）の部分はレース規格の水深四メートルまで掘られたような形跡があった。公式コースの条件を満たさないまで土が積み上がって、浚渫をしないといけなかったのかもしれない。

今本先生は二〇一四年、土木学会で観測結果を発表され、長良川は「昔の姿」に戻りつつあると分析されている。

（二〇一六年九月二十五日）

河口堰と津波

ライン川河口に設置されたハーリングフリート河口堰。長さ5キロ、幅は56メートルある。2018年より一部を開いての運用が始まるという

世界最大規模のオランダの河口堰《ぜき》がいよいよ開門されるという。ハーリングフリート河口堰はライン川に建設された長さ五キロの巨大な構造物だ。一九七一年から閉じられたが、底質の悪化などの環境問題から、オランダ政府は二〇〇〇年にゲートを開ける決定をした。

その翌年、長良川漁協は組合長以下役員数人が現地を視察し、私も同行した。当初は〇五年から開ける予定だったが、計画は三度変更され、今年から部分的に開放することになった。オランダは世界有数の農業国、関係者間の調整には時間を要し、取水施設の変更など、莫大な補償費用を要したというが、海水を河口堰の上流へ入れる以外に、環境を回復する方法はないという。費用と時間がかかろうとも自然を元に戻す

というオランダの選択だ。

同じ河口堰でもライン川と長良川ではその目的はかなり違う。オランダの河口堰は高潮対策。幅は五十六メートルもあり、陸地を守るため、北海からの破壊的な高潮襲来時には巨大なゲートを下ろし防御する。

長良川河口堰の目的の一つは治水だが、堰自体が洪水を防ぐわけではない。洪水時に水を流せるよう、川底は七メートルまで掘ってあり、平時はゲートを閉めて、潮が上流へ上るのを止めている。堰はそれ自体は流れの障害となるから洪水、高潮、津波の時には開ける。災害時、閉めるのがオランダ、開けるのが日本だ。

ゲートを開閉時にトラブルはないのか。〇八年六月二十九日、長良川河口堰。出水で全開操作を行っている時、ゲート一門が途中で停止した。主モーターが故障し、予備モーターも動かなかった。水面上で止まったことから大事にはいたらなかったが、下ろす時には隣のゲートの予備モーターを使い、三時間二十分かけたという（記者発表資料から）。

必ず起きる南海トラフ地震。二時間ほどで来襲する津波の前に、激震直後の河口堰のゲートは支障なく上がるのか。二重三重の安全装置があると説明されていた河口堰のゲートに、事故があったという事実は記憶しておきたい。

（二〇一八年五月六日）

ウナギと河口堰

長良川と並行して流れる揖斐川で行われているシラスウナギ漁＝岐阜県海津市で

今期のシラスウナギ漁は「歴史的な不漁」だという。二〇一三年に漁獲量が過去最低を記録して当時は大きな騒ぎになった。ところが、翌年から四年間、漁獲量が回復したことから、危機感はすっかり薄れてしまった。なにごとにつけ、私たちは忘れっぽい国民だ。

ウナギといえば、現在では養殖のウナギを指すことが普通だ。養殖ウナギが天然ウナギの漁獲高に並んだのが、昭和の初め頃。戦時の中断を経て、養殖ウナギの生産量は増加し、一九八九年に約四万トンと最大となったが、九四年以降減少して、以来三万トンを超えることはない。養殖ウナギといえども、天然ウナギが産卵して、卵からかえったシラスウナギを捕獲して、養殖池で飼育することで生産されている。その天然ウナギの漁獲高といえば、七五年に二千二百二トンを記録して以来減少、二〇一五年には百トンを割り込んだ。

九五年の初春、長良川漁協は初めてシラスウナギ漁を行った。下流の漁協が漁の許可を取ったので、自分たちも許可を取ったという。長良川漁協の漁区は河口から約三十五キロ。シラスウナギ漁は通常河口域や、海浜で行うから、かなりの上流だが漁獲量は多かった。喜んだ長良川の漁師たちは、翌年、同じ場所、方法でシラスウナギ漁をしたが、シラスウナギは、まったく獲れず漁期は終わった。九五年七月からは河口堰《ぜき》の本格運用が開始されていた。九六年の初春は、長良川河口堰が閉じられて、初めて迎えたシラスウナギ遡上《そじょう》の季節だった。

天然ウナギ、シラスウナギの漁獲量を増やすために、各省庁、漁業者は連携して、漁獲規制、河川内の生息場づくり、親ウナギの禁漁などの対策が始まってはいるのだが、そもそも、シラスウナギは川を上っているのか。

各地で建設された河口堰などの影響は、想定を超えて大きかったのではなかったのか。一年で終わってしまった長良川のシラスウナギ漁がそれを教えている。

（二〇一八年四月二十二日）

見張り塔からずっと

自宅屋上に避難塔を自作した加藤良雄さん。左手に長良川河口堰の脊柱が見える

来日中の米国人歌手、ボブ・ディランが作った曲がある。旧約聖書『イザヤ書』を基にした『見張り塔からずっと』。古代バビロニア帝国崩壊の報が見張り塔に届くという内容だ。発表されたのは一九六七年。ベトナム戦争が泥沼化して、米国内でも反戦運動の嵐が起こった時代だった。バビロニアを米国になぞらえて、栄華を誇る大帝国もいつかは滅びる、という寓意《ぐうい》が込められているのだという。

長良川河口堰《ぜき》近くに住む知人が、二階建ての自宅の屋上に津波避難塔を自作した。三重県桑名市長島町に住む加藤良雄さんは四七年生まれ。伊勢湾台風の当時、十二歳だった。高潮で家は流され、家族八人を亡くされた。その体験から長良川河口堰建設に反対を続けてきた。

「伊勢湾台風の高潮が伊勢大橋（国道1号）でせき止められて左岸の堤防が切れた。伊勢大橋の橋脚は七本。河口堰は堰柱が十三本もあって、一本の幅も伊勢大橋の橋脚の倍。津波が来たらあふれて堤防を越える」。加藤さんの心配だ。

東日本大震災の津波を見て、不安に駆られたという。自宅の標高は一・三メートル。大潮の満潮時には水面下に沈む高さだ。地上から高さ十二メートル余り、周囲からひときわ高く目立つ塔を立てることは、人々への警鐘にもなるのではないか。加藤さんに言われて塔を見上げると、自分が立つ、足元の場所の危うさがよく分かった。

潮の満ち引きを止める河口堰は、自然を制御する現代のバベルの塔だ。ゲートは流れを妨げる。洪水の時には、周囲に水をあふれさせることのないようにゲートを高い位置まで引き上げる。しかし、二〇〇八年六月二十九日の大水の時、主モーターが故障、予備モーターまでが故障してゲートが途中で止まるという事故を起こした。津波の時にもゲートを上げるのだが、大地震による影響はないのか。

ディランは歌う。見張り塔に届いたのは、人間が天に挑んだバベルの塔、その崩落の知らせではなかったのか。

（二〇一六年四月十日）

川を耕す

金華山のほとり、鵜飼乗船場下流にアユの産卵場を整える

秋は、雨とともに訪れる。雨が降り、水温が下がる川面を、ぽつりぽつり、アユの群れが下っていく。行き先はアユの産卵する下流域だ。といっても、急いでその場所に向かうというわけでもない。夏の名残を惜しむのか、瀬頭でとどまり、橋の影に驚いて、群れは集まりたたずむ、そして、一雨ごとに川を下ってゆく。アユという名は「落ちる」という意味の古語「あゆる」からという説がある。とどまりながら下る姿を見て、「落ちる」と先人は見たのだろうか。

アユの産卵場は下流域にある。川が平野をつくるあたり、人々が多く住む町の中でアユは産卵をする。長良川の場合、アユの産卵場所は岐阜市内にある。

二十七年前、岐阜県庁近くでアユの産卵観察会を始めた。東海豪雨以後、その場所は近づけなくなり、十八年前、金華山のほとり、長良橋の下流に会場を移した。

アユが産卵するのは、親指の先くらいの小石なら、流れてしまうくらいの瀬。河床の小石の間には隙間があって、「浮き石」と呼ばれる石の間を水が通るような場所だ。そこでは、オスのアユが先に場を決め、メスを待つ。オスは気に入らないとその瀬を素通りして下流に行ってしまうから、産卵観察会を行うには、事前にオスが気に入る場所を探して、準備しておくことが必要だ。

会場は鵜飼乗船場のすぐ下手という長良川を代表する場所であったが、一つ問題があった。アユが産卵する瀬が斜めに広く、直前まで瀬のどこで産卵が始まるのかが分からない。

十年前からアユが産卵しやすい場所を整え始めた。広がった瀬の中に、幅一メートルほどの流れをつくる。大きな石を取り除き、鋤簾《じょれん》を使って河床を耕す。掘ることで流れの速い溝をつくると流れが集まり、河床の細かい土砂が洗われて、アユが産卵しやすい場所ができあがる。

秋が深まってゆく。間もなく、アユの産卵は盛りを迎える。（二〇一六年十月二十三日）

マジックアワー

水中カメラで撮影した映像を「生」で陸上のスクリーンに投影する

アユの産卵する瞬間を「生」で見せたい。そして二十六年間、観察会を続けてきた。

観察会を始めた最初の頃、産卵する中州には、浅い水路を渡れば容易に近づけた。産卵する場所のそばの河原に、テレビと発電機をセットして、参加者は水中カメラでアユの産卵を観察した。

川の形は毎年変わる。浅かった水路も次の年には深くなった。そこで、岸にテレビを置き、中州からの水中カメラの映像をビデオケーブルを伸ばして中継した。やがて数年たち、水路の幅と深さが増し、ケーブルでの中継は難しくなったが、監視カメラ用の無線装置を使って映像を送るようになった。

河原にスクリーンを設置して、私が撮影した映像を参加者は「生」で見る。行動の説明は、川岸に戻った私が録画した映像を再生しながら行う。この方法でアユの産卵観察会を行うようになったのが十年ほど前だが、これが本当に「生」の観察会といえるのか、という悩みがあった。

録画ではなく、「生」でその瞬間の説明ができないか。その思いを形にできたのは二年前、カメラマンの徳田幸憲さんが手伝いに来てくれるようになってからだ。

日が傾きだす午後四時三十分頃から説明を始める。映し出される映像を見ながら、水中の様子、そしてアユの産卵がどのように始まるのか私がアドリブで解説する。

「色の黒いのはオス。メスは銀色をしている」

前に詰めた子どもらはすぐに色の違いを理解してメスの姿を追う。日はさらに傾き、オスの群れは数を増す。そして、下流からは銀色のメス。しかし、産卵は始まらない。私はささやかな手品を使った。

「四時四十七分に産卵します」

アユが産卵する時刻を予告したのだ。夕暮れにアユは産卵を始める。それは、山陰に太陽が隠れ、空が残照に輝く魔法の時間帯、マジックアワーの始まる時刻だった。

その時がきた。カメラはアユの産卵の瞬間を映し出し、人々から歓声が上がった。

（二〇一六年十一月二十日）

観察する力

観察会で「生」で中継された映像。中央で体を反らすのがオスのアユ。メスは、オスたちの下になっていて見えない＝岐阜市の長良川で

春、海から遡上《そじょう》し、夏、長良川の全域で育つ。秋、産卵して次の世代へ命を繋《つな》ぐ。アユの一年だ。

「長良川のアユの故郷は岐阜市だ。市中で産卵するアユを見てみないか」。長良川河口堰《ぜき》問題で知り合った仲間たちにそう話した。

二十七年前のことだ。当時の私は川崎市に住んでいたが、長良川のアユがいつ頃、どのあたりで産卵するのかという情報を、河口堰関連の報告書で知っていた。一番よさそうな場所は、「関東」と呼ばれる禁漁区で、国道21号線の穂積大橋の下流、岐阜県庁の近くだった。九月下旬から十月中旬くらいと当たりをつけ、川崎市から機材を運んで、長良川の川岸にテントを張った。

最初の夜のことは今でも覚えている。すっかり日の落ちた川に、夜空の明かりを頼りに入った。水中マスクをかぶり、潜る。暗闇の中、顔や手のひらに当たるものがあった。水中ライトを灯《とも》した。目の前はライトに驚いて一斉に逃げまどうアユでいっぱいだった。

これはすごい、照らされたライトでアユの姿を見た仲間たちも感動して、観察会を始めようということになったが、問題があった。明かりをつけるとアユは逃げてしまうのだ。産卵の瞬間を映すことはできないか。赤外線カメラを用意して水中に入れてみたこともあるのだが、カメラの目前ではなかなか産卵してはくれなかった。

ライトをつけなくても、産卵を撮影できる時間帯はないだろうか。産卵する浅瀬に、暗くなる前に水中マスクを着け、顔を横にして寝そべる。右の目は水中に、左側は陸上に出して、そのままじっと、アユを観察していた時だ。

堤防の上に人影が見えた。それが消え、しばらくするとサイレン。パトカーと消防車の赤色灯が堤防の上に止まった。川の瀬音が大きいので人の声はよく聞こえない。やがて、パトカーは去り、静かになった堤防にまた人影が一人。こちらを見て、腕を振り回して叫んでいるようだ。何だろう。

河原に横たわり、じっとしている私を土左衛門と思い、警察に通報した方から抗議があったと、後日漁協から、お叱りの電話があった。

（二〇一六年十二月四日）

河口堰が変えたアユ

長良川河口堰。長良川の河口から 5.4 キロに建設され、1995 年から運用されている

アユが産卵するのは、あたりが暗くなってからだ。ところが産卵するアユが多い場合、明るいうちからでも産卵するアユがいる。太陽が沈み、暗くなるまでのわずかな時間、マジックアワーと言われる限られた時間帯にアユの産卵を水中カメラで観察する。それが私たちの始めた「アユの産卵を見る会」だった

観察会を始めて五年目の一九九五年七月。長良川河口堰《ぜき》のゲートが下ろされて本格運用が開始された。

河口堰ができてアユはどうなったか。同じ時間帯、同じ場所という限られた条件で観察会を行っていたことから、長良川のアユの変化がよく分かった。始めた頃は十月の最初の土曜日に行っていた観察会だったが、ゲートが下ろされ

て二年、三年とたつと、その時期に産卵場所にアユが集まらなくなった。長良川にアユがいなくなったわけではない、アユが産卵する時期が三週間ほど遅くなったのだ。そして、産卵場を訪れるアユの大きさも小さくなっていた。

産卵期が遅くなる。産卵するアユが小型になる。その理由は建設省（現・国土交通省）の「長良川河口堰モニタリング委員会」の公開資料にあった。委員会は、河口堰の魚道で採捕したアユを分析して、そのアユがいつ卵からふ化したのかを、耳石《じせき》により分析＊した。調査は三年間行われた。河口堰が閉められた二年後の九七年には十一月初旬にふ化したアユが多かったが、九八年には十一月中旬、そして九九年には十一月下旬とアユのふ化が遅くなり、十一月以前にふ化したアユはごくわずかになった。河口堰が閉まった五年後、アユの産卵は遅れ、ふ化する時期は三週間ほど遅くなっていた。

長良川のアユが小さくなったことも、アユのふ化する時期が遅くなったことが関係している。遅くふ化したアユは海で育つ期間が短くなり、成長も遅れる。そして、川への遡上《そじょう》時期が遅れ、早い時期に川を上り、大きくなるアユが少なくなった。川への遡上も、産卵も遅くなり、大きさも小さくなった。アユを変えたのは長良川河口堰だった。

（二〇一六年十二月十八日）

＊耳石による分析：魚類の頭の中にある耳石という器官には、木の年輪のように一日に一層の模様ができる。その数を数えることで、生まれてからの日数を推定する。

繋ぐ命

2017年11月4日、長良川で行われた「アユの産卵を見る会」（久津輪雅さん撮影）

今年二十七回目となる「アユの産卵を見る会」。アユが産卵する瞬間を「生」で観察してきた。会場は長良川、金華山の麓。そこからは道路を隔て、岐阜小学校が見える。今回、児童約四十人が初の参加となった。

まだ明るい日差しの中、子どもらと参加者は、スクリーンを前に集まっている。右手、川の中ほどの瀬に、岐阜大学の学生や市職員と河床の石を動かして、アユが産卵しやすい場所をつくった。そこには友人が潜り、カメラを構えている。とらえた映像は無線で送り、岸辺のスクリーンに映し出される。

今年、十月に入って二つの台風。二つ目の台風は観察会の一週間前に雨を伴って訪れた。前日に潜って確認するが、産卵場にアユの姿はない。台風の後、みんなで準備した産卵場だが、水位が下がり続け、河床が安定せず、アユが集まらない。当日の朝まで、カメラを設置する場所を調整する。

開始時刻となり、私はスクリーン横で説明を始めた。産卵するその瞬間を生で見ることができるのか、私自身にも分かってはいなかった。

日が傾いて、スクリーンの映像がくっきりとしてくる。小さなオスのアユが一匹と、やや大きなメスが三匹。アユの産卵は群れたオスアユのもとに、メスが訪れることが原則だ。出水でオスアユは下ってしまった可能性もある。不安を隠し、解説をする。ちらと、画面の隅にオスの集団が見えた。私は、産卵時刻の予告をした。

「四時四十七分」。太陽がビルの陰に隠れ、残照が映えマジックアワーが訪れる。水中は一気に暗くなり、アユは塊となって産卵した。

長良川のアユは岐阜市内で生まれる。それを岐阜の人に知ってほしい。そう願った一人の女性の発案から「アユの産卵を見る会」は始まった。彼女は私の伴侶となり、四十歳を目前に早世、長良川河畔に眠る。

アユはこの場所で産卵して一年の寿命を終え、次の命を繋《つな》ぐ。その瞬間を見た子どもらの歓声は、きっと彼女に届いたと思うのだ。

（二〇一七年十一月十二日）

三章　川の未来

ともに生きるか、失うか
それは、川に暮らす人しだい

亜細亜の宝

メコン分流沿いのレストラン。世界中から観光客が訪れ、涼しげな川を眺める

四月十六日はピーマイというラオスの元日に当たる。日本の盆と正月、灌仏会《かんぶつえ》が一体となったような日で、先祖を供養し、仏像を水で清めて新年を祝う。新年を迎える行事として「水掛けまつり」がある。町中で人々が道ばたに待ちかまえて、通り掛かる人に誰かれかまわず水を掛ける。

子どもたちは容赦ないから、カメラなど持って出歩けない。それでも日中の気温が四十度を超えるこの季節、水を浴びることはむしろ、すがすがしい気分になる。

六月から十月にかけての雨季のメコンはウコン色の大河だ。しかし、乾季となる十二月から五月にかけては、水深一メートルの川底が見えるほどの澄んだ流れとなる。酷暑の季節、澄んだメコンの流れを見ると跳び込みたい思いに駆られるのだが、川で泳ぐのには危険がある。

ラオス南部からカンボジアにかけてのメコンは、日本ではすでに駆逐された寄生虫病、住血吸虫症の一種、メコン住血吸虫症の危険地域だ。酷暑の四、五月は水中にいる吸虫の幼虫が活発に動き、寄生虫症となる危険性が最も高い時期に当たる。涼しげなメコンを目の前にして、川面を見ているしかない。

日本の川を思う。長良川河畔、暑い夏の午後、体を沈めて水面を漂う。それは、川の近くに暮らす者の楽しみ。海から離れた岐阜市周辺の暑さは日本有数だが、その夏に、長良川があることのありがたさを、しみじみと感じる時だ。

国際空港から一時間余りの岐阜市街、県庁所在地を流れる川で、病気の心配もなく泳ぐことができる。岐阜県は世界農業遺産として「清流長良川の鮎」の認定を受けた。もちろん、アユという魅力的な魚とその漁を、世界に発信するにやぶさかでないのだが、町を流れる「澄んだ安全な水」という奇跡を、私たちはもっと誇ってもよいのではないか。

アジアの自然がすさまじい速度で失われていく今、日本の川を「亜細亜の宝」として誇りたいと思うのだ。

（二〇一六年四月二十四日）

川の観光価値

多摩川御岳渓谷。名水百選にも選ばれている＝東京都青梅市で

二〇二〇年の東京五輪。一時、競技開催地の見直しの機運があった。江東区の海の森水上競技場での開催が決定したボートとカヌー・スプリント競技について、小池百合子知事が宮城県の長沼ボート場に変更する案を提示した際には、都内臨海部に建設されるカヌー・スラロームの競技場にも見直し案はないかと期待した。

埋め立て地の人工水路ではなく、自然の川で五輪競技ができないか。

新たなカヌー・スラローム競技場の建設費は七十三億円。五輪全体の予算から見れば小額だが、競技のために、人工水路に大量の水をくみ上げて循環させる。恒久施設として五輪後も使用されるから、ポンプを動かす電力料金、施設の維持管理など、将来にわたり少なからぬ運営費が必要となる。

私は日本の川は世界で一番だと思っている。温帯域で降水量が多く、一年を通して水が枯れることがない。澄んで暖かく、魚がすみ、泳いで安全な水が流れる川。その川の素晴らしさを世界に紹介するのに、五輪は絶好の機会だった。

多摩川上流。小河内《おごうち》ダムがつくる奥多摩湖は日本最大級の水道用貯水池だ。多摩川は下流に位置する白丸ダムで発電のため取水されるが、多摩川第三発電所から下流で水量は回復する。現状の流量ではカヌー競技を行うには心もとないが、白丸ダムは東京都交通局が発電用に造ったダム、五輪開催を機に一時的に放流量を増やすことはできなかったか。

観光地として近年、世界的に知られた場所がある。高尾山だ。〇七年にフランスの世界的観光ガイド、ミシュランが三つ星を付け、外国人観光客が激増した。年間の登山者数は二百六十万人と世界一だ。都心から一時間の距離にある豊かな自然が魅力だが、多摩川も都心から一時間余り、公共交通の便もよい。

多摩川でのカヌー競技の開催は、費用削減にとどまらず、東京五輪のレガシーとして、日本の川の素晴らしさを世界に発信する絶好の機会であったと思うのだ。

（二〇一七年二月五日）

長良川から世界へ

激流の中で、トレーニングする末松佳子さん＝岐阜県郡上市で

渦巻く激流をホワイトウオーターと呼ぶ。その真っ白な水と泡の中に飛び込むと、体の上も下も分からず、音さえも消え去る一瞬が訪れる。暴力的な水の流れの中、舟を制して技を繰り出す競技がカヌーフリースタイルだ。

舟に固定していないパドルで漕ぐ舟のことを、広い意味でカヌーと呼ぶ。カヌー競技の歴史は古く、オリンピック種目になったのは一九三六年の第十一回ベルリン大会のこと。その多くはスピードを競うが、フリースタイルは四十五秒という時間内に繰り出す技、縦横に回転、反転して起き上がるなどによって得点を競う。

国際カヌー連盟は、フリースタイルを正式競技とし、二〇〇九年にスイスで世界選手権大会を初開催した。以来、日本代表として国際試合に連続出場しているのが岐阜県郡上市生まれの末松佳子さんだ。

長良川で育った彼女は大学卒業後、ラフト（ゴムボート）体験を組み込んだツアーも開催する、実家近くの旅行会社に勤める。そこでカヌーに出会った彼女は、自由になる時間の全てを川で費やしたという。

「目の前が長良川だった」

一三年、アメリカで開催されたカヌーフリースタイル世界選手権大会のクラス別で銅メダルを獲得、さらに翌一四年、フランス、スペインで開かれたワールドカップ全三戦でもクラス一位となり、総合優勝を飾る。

長良川から世界へ。「岐阜を元気に」という県内企業の支援も集め、海外で開催される世界大会へも積極的に参戦している。

五月後半。末松さんは母校・八幡西中学の一年生たちと長良川をラフティングで下った。目の前の川が、世界の川へと繋《つな》がっている。世界で知ったその感動を、後輩たちに伝えたいという思いからだ。

（二〇一六年五月二十二日）

川上り駅伝大会

四万十川の源流の一つ、広見川で開催される川上り駅伝。ひたすら川を駆ける＝愛媛県北宇和郡鬼北町で

参加資格がふるっている。

「転んでも泣かない人・少しでも泳げる人」

愛媛県北宇和郡鬼《き》北《ほく》町で開催されている「四万十・源流広見川上り駅伝大会」は今年で二十一回目、八月最初の日曜日に開催される。

以前、四国に住む友人から、川を駆け上る駅伝をやっている場所があると聞いて見に行った。広見川は四万十川の源流の一つで、愛媛県内を流れる。駅伝を行う鬼北町内では川幅は三十メートルくらい。四・七キロの距離を八区間に分け、男性は全区間、女性は五区間を走る。中継地点で繋《つな》ぐのはタスキならぬ、ヘルメット。三区間一・八キロを一人で走る鉄人の部を含めて、一般参加三部門は十八歳以上、ただし高校生は参加できない。それ以外に、地元の小学校高学年限定のレースがある。

　レース区間は瀬があり、淵があり、流れの速さも、水深もさまざまだが、陸地を走るのは反則で水の中を駆け上がり、順位を競う。水中は歩くだけでも大変だ。水しぶきを上げ走る。石に滑り転げる。泳がないと渡れない深い淵もある。見かけ以上に過酷なレースだが、中継地点に倒れ込んだ参加者はみんな笑顔。中継地点、橋の上からは各チームの応援団が声援を送る。

「これは、やられた」

　地元の人たちとレースを見ていて思ったことだ。参加者も、観客も、町ぐるみで夏の川を楽しんでいる。年齢、性別を超えた素晴らしい川遊びではないか。

　大勢が川の中を走ったりしたら、川魚には災難だろうと、心配するかもしれないが、その点は大丈夫。渇水気味の夏の川で、人間が石を踏み、かき混ぜると、川はきれいになる。

　他の川でも川上り駅伝ができないだろうか。例えば、岐阜市内を流れる長良川。夏の河原でのイベントはもっぱら八月初めの花火大会で、真夏の河原に人影はまばらだ。長良川なら、両岸には河原が広がるから観客席にも困らない。本家広見川の勝者を招いて、川上り駅伝全国大会というのはどうだろう。

（二〇一七年八月六日）

激流下り世界選手権

世界王者奪還を目指して、トレーニングに励む「ラフティングチーム・テイケイ」＝神奈川県平塚市の相模川で

見たこともない激流が渦巻いていた。

「とにかく、振り落とされないで、ゴールまでたどり着こう」

一九九三年七月。私たちは、トルコで行われたレースラフティングの世界選手権でスタートの合図を待っていた。レースラフティングとはラフトというゴムボートで川を下りタイムを競う競技だ。トルコ北東部から黒海に注ぐチョルフ川は延長四百三十八キロ、木曽川の二倍の長さ。「トルコ最後のワイルドな川」は、赤褐色の巨岩の谷を、白く泡だった奔流となって流れていた。

前年の九二年、ブラジル・リオデジャネイロで開催された地球環境サミット。その場で長良川河口堰《ぜき》の問題を世界にアピールしたメンバーたちが、当時の世界選手権運営団体から大会への参加を勧められた。大会では、世界の川の問題を話し合うシンポジウムが開催されるという。急きょ「チームながら」が結成された。

目の前には恐怖が迫る。振り落とされ、流れに巻き込まれたらレースどころではない。漕いで、流れを選ばないと引きずり込まれる。大型のゴムボートが、激流に引き込まれると完全に水中に没するのだ。にわかづくりの「チームながら」は、迫り来る激流に耐え、疲れ果て、頭の中を真っ白にし、ゴールに流れ込んだ。

二〇一七年十月三～九日まで、四国・吉野川で国内初となるラフティング世界選手権が開催される。主催は徳島県三好市と国際ラフティング連盟。二十二カ国、約五百二十人の選手が参加する。年齢別に四カテゴリーあるが、年齢不問のオープンで優勝候補の一角は男女とも日本チームだ。

吉野川を拠点とする女子「ザ・リバーフェイス」。世界戦では優勝一回、準優勝三回、地元開催で士気も高い。

男子は神奈川県平塚市を拠点とする「ラフティングチーム・テイケイ」。唯一のプロチームで、戦績は優勝二回、準優勝二回。六年ぶりの王者奪還を目指す。（二〇一七年十月一日）

最後の流れを漕ぎ抜く

ラフティング世界選手権女子オープンで外国勢を抑えて総合優勝した「ザ・リバーフェイス」＝徳島県の吉野川で

水辺からラフトボートを持ち上げ、運搬トラックの傍らまで運んだ。激流に耐えるため、パンパンに空気を入れたボートのエアバルブを押す。渓谷にシュッという鋭い音が響いた。その時、彼女たちから嗚咽《おえつ》が漏れた。褐色の乙女たちの長い戦いが終わった。

徳島県の吉野川で開かれたラフティング世界選手権。日本代表オープンクラスの女性チーム「ザ・リバーフェイス」は全員が地元に住んでいる。リバーガイド、看護師などの仕事を持ち、平日の早朝、週末など週六日の練習を重ねてきた。

レースラフティングは四種目の総合成績で順位を決める。初日はスプリント競技で、短距離のタイムを競う。続いて、H2H（ヘッドトゥヘッド）。二艇が同時にスタートして先にゴールしたチームが勝ち上がるトーナメント戦だ。二種目を終え、チームは強豪を退け首位に立った。一日おいてスラローム競技。ここでアクシデントが起きる。競技中にパドルが折れたのだ。予備パドルでレースを続けたが英国に及ばす二位。総合一位は守ったが、二位英国との差はわずか。ニュージーランドも三位で追う。

最終日はダウンリバー。八キロ、およそ一時間の距離、川を下る長距離レースだ。配点の多いこのレースの勝者が総合優勝となる。

スタート。地元の大声援を受けてリバーフェイスは首位で最初の瀬を下る。レース区間には瀬と淵が交互にある。落差のある瀬の上流には淵が広がる。激流を下る競技であるが、淵を下るところで、勝負が決まる。穏やかに見える淵だが、川の流れは複雑で、速い流れは限られる。その限られた流れをつかみ、全力で漕ぐ。

ゴール地点。リバーフェイスが首位で下ってきた。英国は遅れて三位だ。しかし、ゴール前、ニュージーランドが距離を詰める。抜かれると総合優勝は消える。

時間が止まる。

大歓声の中、彼女たちは、最後の淵を漕ぎきった。

（二〇一七年十月十五日）

日本一のアユ

10月下旬の「和良鮎まつり」に向けて、アユを獲る＝岐阜県郡上市で

アユを食べるとその川が分かる。アユは石の上の藻類を餌にする。春に数グラムという重さで海から上り、秋に産卵して一生を終えるまで、一夏で体重は二十倍以上に成長する。アユの体は、その川の流れが育んだものだ。

では、おいしいアユのすむ清流はどこなのか、それを全国に問うた釣り人たちがいる。「清流めぐり利き鮎会」を主催する高知県友釣連盟は高知を中心とした友釣り愛好家の団体だ。一九九九年から毎年、全国に参加者を求めて、アユの味比べを行ってきた。

その年によって川の環境は異なり、しかもライバルは全国にいる。その中で、二〇一五年の第十八回までに、第五回から出場して三度のグランプリ、四度の準グランプリという川がある。岐阜県郡上市の和良川《わら》だ。和良川は木曽川の支流。規模としては小さな方で、山里の旧和良村（現・郡上市）の集落の中を流れている。一見なんということはない川である。

九月、組合員が共同で行う網漁に同行した。

川に入って最初に感じたことは、石が丸くすべすべとしていることだった。表面は、砂泥をかぶっていない。手でなでるとうっすらと藻類が付いていることが分かる。そして、丸い石は不安定に河床の礫《れき》の上に転がっている。土砂が流れ込む川では、石はすぐに砂に埋まる。石が浮いた状態であることは、上流の山林がよく管理された状態であることを示している。

漁で獲ったばかりのアユをいただいた。先ほどまで餌を食べていたアユの内蔵には、藻類が残っている。もし、泥や砂が混じっていたら、とても食べられたものではないが、歯で感じるのは珪藻《けいそう》類の殻の感触と苦みだった。筋肉にほのかな甘さがあった。アユのことを英語で「スイートフィッシュ」と呼ぶことがあるが、この内臓の苦さが身の甘さを際立たせていた。

内臓ごとアユを食べる。それは上流の山林の状況を感じることだ。アユはその川の自然を表していると味わった。

（二〇一五年十月十八日）

命の水のアユ　琵琶湖

琵琶湖に注ぐ川で産卵するアユの群れ＝滋賀県高島市で

「琵琶湖は近畿の水がめではありません」。前滋賀県知事の嘉田由紀子さんは、琵琶湖が単なる「水がめ」ではなく、貴重で生命にあふれる「命の水」だと話す。

世界に二十もない古代湖というまれな湖。琵琶湖の歴史は四百万年以上と、ロシアのバイカル湖、アフリカのタンガニーカ湖に次いで、世界で三番目に古い湖だ。長い時を経た湖には生き物の種類も多く、独特の生き物がいる。魚類では四十四種類の在来種がすみ、ふなずしにされるニゴロブナ、日本最大の淡水魚ビワコオオナマズなど、十五種類が琵琶湖にしかいない固有の種（固有種）だ。

固有種ではない魚もかなり変わっている。例えばアユ。琵琶湖には湖で成長するアユがいる。川に上らず、小さいままで一生を過ごす琵琶湖のアユは、川に放すと大きく育つ。その習性が発見されたのは今から百年前のことで、以来、全国の川に琵琶湖のアユが放流されるようになった。ダムなどで海からのアユが上れない川にとって、琵琶湖はまさに、母なる湖だ。

秋の初め、琵琶湖に注ぐ川でアユの産卵が始まる。川底を埋め尽くすアユの群れが体を震わせ産卵する。その生命の営みが行われる川の上流、その山を越した福井県の若狭湾には十四基の原子力発電所がある。アユの産卵する秋から春にかけて、若狭湾から琵琶湖へ、北西の季節風が吹く。琵琶湖は原発の風下に位置しているのだ。

現実に起きてしまった福島第一原発のような事故が起きたら、季節風はわずかな時間で大量の放射性物質を琵琶湖に運ぶだろう。滋賀県の八十パーセント、京都府六十九パーセント、大阪府のほぼ百パーセント。兵庫県でも四十八パーセントの人々が琵琶湖の水を利用し、その合計は千四百三十六万人に上る。

あの日から五年が経過し、原発の再稼働が始まっている。* しかし、電気をつくる手段は原発だけではない。命の水、琵琶湖は、「近畿の水がめ」でもある。そして、他に替わるものはないのだ。

（二〇一六年三月十三日）

*二〇一八年七月時点で福井県内では四基の原子力発電所が再稼働している。

京の川漁師

賀茂川漁協組合長の澤健次さん。手に持つのはアユ釣り用のルアー＝京都市内で

年間三百万人が訪れるという京都・鴨川。直線的な川の両岸には石積み護岸。川筋には落差工（段差）が築かれ、川は段々に流れている。このいかにも人工的な川に漁協がある。

下鴨神社から下流の鴨川と、上流の賀茂川、高野川を漁区とする賀茂川漁協。一時は解散の危機にあったが、現在の組合員数は百三十人、五年前から澤健次さんが組合長を務める。澤さんはアユなどの川魚を釣り、京都市内の料理屋に卸す川漁師だ。

京都には、鴨川流域の自然の恵みを豊かにし、活用していこうと市民、漁協、研究者が集まる「京の川の恵みを活かす会」というネットワークがある。会の代表、京都大学の竹門康弘さんに頼まれて、アユの産卵調査のお手伝いをした時のことだ。

産卵場では、率先して川に潜り卵を探す。ふ化したアユを採取する夜間調査では、ネットで濾過《ろか》したゴミの中から小さな仔魚《しぎょ》を探し当てて歓声を上げる。澤さんは当時まだ三十代。組合長というと、長良川では議員さんで、アユの放流などの式典に、背広、ネクタイ、テカテカしたゴム長でご出席、とイメージしていた私にとって、澤さんとの出会いは新鮮だった。

「活かす会」は一般の市民に参加を呼び掛け、鴨川の落差の大きな堰堤《えんてい》に木製の仮設魚道を設置し、天然アユを鴨川の上流まで上りやすくする取り組みを行っている。二〇一一年の「活かす会」の設立以前には桂川との合流部で止まっていたアユの遡上《そじょう》だが、現在は三条大橋まで上れるようになった。

天然アユの復活とともに、漁協が進めているのはアユのルアー釣りだ。

「アユの友釣りは、始めるのには敷居が高い」と澤さん。市街地を流れる鴨川だからこそ、気軽にアユ釣りを始めてもらえたらと、アユ用ルアーの普及に期待を掛ける。

全国各地の川では漁業者が減少し、漁協組合員の高齢化も進んでいる。一度は解散しかけた漁協だが、若い組合長たちが、流域の人々とともに天然アユの泳ぐ鴨川を取り戻す。古都で始まった新しい取り組みだ。

（二〇一七年六月十一日）

京都で鷺知らず

鷺知らずは３センチ以下。少し大きくなったハエを白焼きで＝京都市内の喜幸で

「ついでに茶漬けとは別な話であるが、京都には『鷺《さぎ》知らず』という美味《うま》い小ざかながある」。美食家として知られる北大路魯山人が、茶漬けの王者として紹介した一文『京都のごりの茶漬け』の最後の部分だ。

ゴリはハゼの仲間の淡水魚。カワヨシノボリという魚を指している。ところが、魯山人はついでにと紹介しておきながら、全集百二十一編のどこにも、「鷺知らず」について書いてはいない。魯山人は料理について、精緻に記述をする例が多いのだが、妙な終わり方だ。

鷺知らずは三センチ以下の、和名はオイカワという淡水魚。明治の頃には、『鉄道唱歌』に京都名物として歌われ、鴨川などには、漁師が十人ほどいたという。

京都市は京の食文化を見直し、身近な川の環境にも目を向けてもらおうと、鷺知らずを地域ブランドとして活用しようとしている。市は二〇一四年より賀茂川漁協に依頼して生息場所や漁獲量の調査を始めた。

鷺知らずを食べに、冬の京都に行った。四条河原町から高瀬川沿いに南へ、小さな橋を渡ると湯どうふ「喜幸《きいこ》」という店がある。繁華街からほど近いが、静かな路地にあるその店は、女将《おかみ》さんと女性一人。カウンターの端には水槽がしつらえてあり、魚が泳いでいる。その傍らに、洗って束ねられた極細の投網が四枚下がっていた。女将の浅井貴美代さんは鴨川でただ一人、鷺知らずを獲る漁師でもある。

鷺知らずは醤油で炊いたものを食べるという。今季、鷺知らずと呼ぶ、小型のオイカワは十分に獲れなかったそうだ。少し大きくなった、オイカワ（ハエ）を白焼きでいただいた。ぬるめに燗《かん》した日本酒が、ほのかな小魚の苦みと香りを引き出した。

オイカワは関東平野から西に広く分布している。関東ではハヤ、ヤマベなど、中部ではハエなどその地方に親しまれた名前がある。

鷺知らずについて、魯山人は多くを書かなかった。京都の魚は別もの、ということかと思った。

（二〇一七年二月十九日）

トキの落とし羽根

全長10ミリの加賀毛バリ。トキの羽根、生糸、漆、金ぱくなど加賀藩の伝統工芸の賜物《たまもの》

木の板に釘《くぎ》が打ってある。釘に張り渡した輪ゴムを指に掛け、ゴムの張力を利用して、調子を取りながら手首を前後する。ハリに添えた鳥の羽根を、細い生糸で巻きつける。たちまちアユ釣りの毛バリができあがった。

松波郁代さんは一九三二年、金沢市の生まれ。三代続く加賀毛バリ専門店「松波釣具店」に嫁いだ。ご主人の俊一さんに代わり、郁代さんが家業の毛バリ作りを継いだが、俊一さんの転勤で一家は岐阜に移る。以来、岐阜市内の自宅でハリを巻いて、金沢の実家に送っておられた。

「トキの羽根の毛バリもあったんよ」。その時、うかがった言葉が気になっていた。

九三年、希少な生物保全を図る「種の保存法」が施行されて以降、トキはその羽根の一部でも流通することはない。トキの毛バリはすでに幻だった。

最後の日本のトキ、キンが飼育下で死んだ二〇〇三年。トキの羽根で巻くという毛バリの製作過程を映像で記録したいと思った。しかし、郁代さんは俊一さんを亡くされ、毛バリ作りをやめ、道具も処分された後だった。

今年五月、再びご自宅を訪ねた。釣り名人だった俊一さんが愛用されていたハリ箱があったという。整然と毛バリが並ぶ。別名、「蚊バリ」というように黒っぽい毛バリの中に、二つだけ白いものがあった。

「あら、残ってたわね」

胴巻という部位にトキの羽根を使った「松波三号」という加賀毛バリだった。

トキは日本のどこにでもいる里の鳥だった。一度は絶滅したトキであったが、中国から借りたトキを人工飼育し、〇八年に放鳥が始まった。現在、国内には百四十七羽のトキが野生化している。ほとんどのトキが佐渡にいるが、最初に放鳥されたメスの一羽が、石川県の能登半島に渡り、輪島周辺にとどまっている。本州で最後まで、野生のトキが生きたのも能登半島の羽咋市。トキ復活に期待が掛かる。

毛バリは夕暮れの川に投じると光を放ち、アユを誘ったという。いつか、その幻の光を見てみたいと思うのだ。

（二〇一六年六月十九日）

シーボルトとアユモドキ

旧東海道の石部宿。現在も流れる水路は野洲川に通じている＝滋賀県湖南市で

東海道を西に向かう一行は、雨の中遅くなって五十一番目の石部宿（現・滋賀県湖南市）に到着した。江戸時代後期、一八二六（文政九）年五月三十日のことだ。オランダ商館の医師として長崎の出島に滞在したシーボルトが長崎—江戸往復の旅を記録した『江戸参府紀行』によると、二十六日に豊橋（愛知県）を過ぎたあたりから豪雨となった。二十八日に天気は回復し、宮（名古屋市）から桑名（三重県）への海路、七里の渡しでは、晴天に恵まれ多度山の眺望を楽しんだという。しかし、四日市、関宿を過ぎ、鈴鹿峠を越えて滋賀県に入る頃には激しい雨となった。梅雨の始まる時期である。

シーボルトが集め、世界に紹介した日本の生き物は数多い。『日本動物誌』の中で魚類だけでも百種余りが新種として記録されている。その中で生息地の開発が進み、最も危機にひんしている魚類はアユモドキだろう。名前から、その姿を想像するのは難しいが、ドジョウの仲間で、現在は桂川（京都府）と岡山県内の二河川にのみ生息が確認されている。

シーボルトが持ち帰ったアユモドキは、どの川の産であったか。当時は現在より広い範囲に分布した可能性があるが、一行は瀬戸内海を舟で渡ったことから岡山周辺で採取した可能性は低い。桂川と同じ淀川水系の琵琶湖には五十年ほど前まではアユモドキがいた。東海道は石部宿から草津宿までの区間、琵琶湖に注ぐ野洲川の近くを通る。

石部宿を訪ねた。旧街道を西に向かう。宿場の外れで街道は野洲川へと続く水路と交差していた。

アユモドキの仲間は東南アジアにその種類が多い。乾季には大きな川、湖などにすんでいるが、雨期になると、水路をさかのぼり、水際の水没した草などに産卵する。

五月三十一日早朝。シーボルトが石部宿をたつ時、雨で水路の水かさは増していたことだろう。増える水に誘われて、水路を上ってくる魚を捕らえた村人の獲物の中に、彼はアユモドキを見つけたのではなかったか。

（二〇一七年七月九日）

モンスーンの賜物

絶滅から守るために、研究機関、水族館で飼育されている京都府桂川産のアユモドキ＝「アクア・トトぎふ」で

その日、シーボルトは一行より早く東海道石部宿（現・滋賀県湖南市）を出発し、大津へ向かった。江戸へ向かう途中、立ち寄った薬屋に薬草などの植物採集を依頼してあった。長崎のオランダ商館医であるシーボルトは、植物学の造詣は深いが、魚類が専門であったわけではない。旅程を急ぐ彼が足を止め、アユモドキを選び、オランダまで持ち帰った理由は何か。

シーボルトにとって、初めての赴任地は、現在のインドネシア、ジャカルタ近郊だった。アユモドキの仲間は東南アジアには種類も数も多い。私もラオスの市場でこの仲間が山のように積まれているのを見たことがある。シーボルトはインドネシアでアユモドキの仲間をすでに見ていたのではないか。彼はヨーロッパでは見たこともない魚にアジアを感じた。そして、よく似た魚を日本で見つけて、コレクションに加えた。

アジアに雨季をもたらす季節風・モンスーン。雨季となり川の水位が上がり、乾いていた草原が水に浸かると産卵をする魚たち。その魚たちは、雨季の終わりとともに川に戻っていく。雨季に冠水する草原の植物から、人類はイネの祖先を見つけて栽培し、食料とすることで豊かな暮らしを手に入れた。魚と米と人。濃密な関係の始まりだ。

日本でアユモドキが生き残っている三本の川の流域は、全て、モンスーンに由来する梅雨の時期に、水路を堰《せき》で閉め切り、水位を高めて田に水を引き、稲作を行ってきた場所だ。アユモドキとイネはモンスーンの賜物《たまもの》なのだ。

淀川水系桂川（京都府）流域。最後のアユモドキ生息地の一つでは、水田を埋め、京都スタジアムの建設が進んでいる。計画ではアユモドキを生かし続けるために、水田を模した湿地・水路を造るという。しかし、稲作という人々の営みを離れて、アユモドキは生きていけるのか。

〝アユモドキ記念日〟の準備が必要かもしれない。モンスーンが運ぶ雨を頼りに、生きてきた小さな魚が消える。その日は、祖先たちが築いてきたモンスーンアジアとの繋《つな》がりを一つ、日本人が失う日でもあるのだから。

（二〇一七年七月二十三日）

ニホンウナギ発祥の川

鰻塚でニホンウナギを獲る岩本宏之さん＝長崎県東彼杵郡川棚町で

「ウナギの寝床」をつくってウナギを獲る漁がある。石を積み、隙間に入った魚を獲る石倉《いしぐら》漁。その漁法は全国にあるが、長崎県では「鰻塚《うなぎづか》」と呼ばれ、一八九〇年に県が編纂《へんさん》した『漁業誌』に記述がある。東アジアに広く分布するニホンウナギだが、学名にジャポニカとあるのは、シーボルトが長崎から持ち帰った標本によるからだ。ニホンウナギ「発祥の地」は長崎だ。その長崎県内で唯一、河川に漁協がある東彼杵《ひがしそのぎ》郡川棚町の川棚川に、二〇一五年十月、鰻塚を見に行った。

取水堰堤《えんてい》の下流に、石を積んだ直径二メートルほどの塚が九カ所。支流の石木川沿いに住む岩本宏之さんの鰻塚は一番下流側。上流の方がいい場所だが、その年はくじに外れたそうだ。

ウナギを獲り始める。水深は一メートル弱、鰻塚の周囲にぐるりと網を張る。網には二メートルほどの細長いのど網が付いている。石を網の外側に放り出す。二人がかりで一時間余り、やがて、ウナギは逃げまどい、のど網の中に入った。今年は少ないとはいうものの、五十センチにせまる銀色のウナギが三匹、小型のウナギが数匹獲れた。

ウナギは海で生まれる。川に遡上《そじょう》してから、五年から十数年の期間、川で育つ。海に下る準備を始めると、黄色がかった体色は銀色となる。その銀ウナギは海に下り、グアム島近海まで数千キロ旅をして産卵する。

岩本さんの鰻塚には、海に下る直前の銀ウナギと川に入ってきて間もないウナギがいた。鰻塚のある汽水域が、海と川との交差点として大切な場であることがよく分かる。

国内のウナギ漁獲高は六〇年代の三千トンが一五年には七十トンまで減少した。その理由は諸説あるのだが、ウナギが生育する河川の変化は誰の目にも明らかだ。ダム建設は川での生息場を奪い、河口堰《ぜき》は海から川への移動を妨げる。長崎随一のウナギの川、石木川にもダム計画がある。

一五年、環境省はニホンウナギを絶滅危惧種に区分した。しかし、真に絶滅にひんしているのは「日本の川」なのではないのか。

（二〇一七年三月十九日）

ダムに消えるアサリ

鋤簾で獲ったアサリをふるいにかける藤原繁美さん

日本の各産地で年々、アサリの漁獲量は減少している。今年の春、名物の観光潮干狩りが中止となった浜名湖のアサリ漁に同行した。

浜名漁協気賀支所（浜松市北区）の藤原繁美さんは六十二歳。私の中学、高校時代の同級生だ。卒業後も地元に残り四十五年間、浜名湖でアサリ漁をしている。午前四時半、浜名湖の北岸の船着場を出て、浜名湖南部の漁場へ向かった。

アサリ漁は静かだが、過酷な漁だった。舟の両側から鉄を芯にした棒を湖底に刺して舟を固定する。水深三メートルの場所に柄の長さ六・五メートルの鋤簾《じょれん》を沈め、鋤簾の先の歯で、砂の中からアサリをかき出して、獲る。資源保護のため機械は使わない。全身の力を使って湖底をかく。漁の合間に話を聞こうと思っていた。しかし、休みをとることもなく、彼は鋤簾を投げ入れ、腕、腰、両の脚、全身の力で引き寄せる。瞬く間に汗がしたたる。

船上に上げた鋤簾の中には死んだ貝が半分、生きたアサリは両手ですくえるほど。漁獲制限いっぱいの六十六キロのアサリを獲るのに彼は四時間余り漁を続けた。

「四十年前と比べると全然だ」。当時は一時間で百キロの漁獲があり、漁獲制限もなかったという。

「ダムができ、塩分が濃くなった」

ダムとは都田川ダムのこと、浜名湖に注ぐ最大の川にできたダムだ。ダムは、一九八四年から水をため、渇水期の流量が約〇・五トン毎秒という都田川から灌漑《かんがい》、水道水用に最大二・二トン毎秒の取水が可能となっていた。取水された水は、三方原台地を潤したが、湖に注ぐ流量は減少した。

「底モノはみんないなくなった。クルマエビ、アサリも、昔はどこでも獲れたが……」。今は限られた場所のアサリだけが漁獲の全てだ。

漁業補償はあったのか。ダム反対運動はなかったのか。われながら陳腐なことを尋ねたと思った。彼の温厚な瞳の奥が、めらりと燃えた。

「ダムの川を知らないのか、今まで何を見てきたのだ」。その目はそう語っていた。


（二〇一六年七月三十一日）

消える大砂丘

防潮堤建設の進む中田島砂丘（2017 年４月、ドローンで撮影）

五月の三連休、各地でさまざまな催しが開かれる。中部地方では昨年百七十三万人が訪れた浜松まつりが第一だろう。まつりの見ものは「凧《たこ》揚げ合戦」。その会場に隣接する中田島砂丘は日本三大砂丘として知られているが、その大砂丘がなくなろうとしている。

二〇一七年四月二十三日、浜松市内で開かれた「中田島砂丘を未来へつなげるシンポジウム」に参加した。現在、遠州灘の海岸線には十七・五キロにおよぶ防潮堤の建設が進められている。シンポジウムは中田島砂丘の未来を知ろうと地元有志が企画したものだ。

講演した大阪大学大学院の青木伸一教授は、海岸工学が専門で、十数年にわたり遠州灘の砂の動きを研究されてきた。青木教授によると、中田島の砂丘は、天竜川が運んだ砂を、風が海岸線に吹き上げてつくった。西から東に砂が移動し、循環することで砂丘は維持されている。会場からの質問に対して、「防潮堤が砂丘を分断する場所に完成すると、移動する砂が激減して、砂丘としての姿は残らないだろう」と答えた。

海岸線の自然環境が専門で、全国の状況に詳しく、東北地方の防潮堤も調査してきた九州大学大学院の清野聡子准教授は「もっと岸に近い部分に防潮堤を造れば、砂丘は残せるのではないか」という。

当初、中田島砂丘の防潮堤は、海側、中央、陸側という三つの案が検討されていた。中央ではなく、陸側に防潮堤を造れなかったかという指摘だ。しかし、計画地内に民有地があることで陸側案は採用されなかった。

民有地があり、地権者の人数が多く、調整に手間取るということが、現在の場所になった理由のようだ。民間企業からの三百億円という寄附で始まった防潮堤建設は、通常の公共工事とは異なった手法、スピードで進められている。

まつりの日、家族で海辺に繰り出そう。潮の香りを楽しみ、消えてゆくその姿を脳裏に刻もう。次の世代の子らは、あの茫漠《ぼうばく》とした砂の連なる大砂丘を、見ることはないのだから。

（二〇一七年四月三十日）

ダムと砂丘

写真集『風』（加藤マサヨシさん撮影）に記録された砂丘の砂紋と、海岸植物が咲く現在の中田島砂丘

幾重にも連なった砂の丘、砂の海、というのが私の記憶の中の中田島砂丘（静岡県浜松市）だった。四十数年を経て、防潮堤工事が進む砂丘を前にし、その変容ぶりに驚いた。

中田島砂丘は天竜川がつくった。川は山からの土砂を海に運び、その砂は風によって陸地に吹き寄せられ、砂の山となった。地元中田島町（浜松市南区）に四十年来住み、「海岸浸食災害を考える会」を主宰する長谷川武さんは、変化は一九九〇年代からだという。「年々、浜が消える。一昨年の台風時には凧《たこ》揚げ会場のマツ林まで波しぶきがかかった」

一九二一年生まれ、浜松市在住の写真家、加藤マサヨシさんは九〇年以来、中田島砂丘の写真集を六冊自費で出版。中田島砂丘の姿を後世に伝えたいと、それらの写真集を長谷川さんに託した。

木曽、赤石山脈にはさまれた急峻《きゅうしゅん》な谷、年間を通じて豊かな水量。水力発電に適した天竜川に建設されたダム群は砂をとどめて、海岸線の姿を変えた。流域最大の佐久間ダムは五六年に完成した。わが国最初となる巨大ダムは、近代的な工法と建設機材をダム先進国米国から調達して、わずか三年で完成された。戦後最大の大規模プロジェクトが、後の高度経済成長を支えたことは間違いない。

わが国の土木事業における金字塔、とたたえられる佐久間ダムであるが、これほど大規模な海岸浸食を起こすことを建設当時想定していたのだろうか。完成から六十一年、ダム湖の堆砂《たいさ》は進んでいる。二〇〇〇年時点で総貯水容量の四十三パーセント、一・三億立方メートルの砂がたまる。

〇四年、佐久間ダム再開発事業に着手し、ダム湖にたまった砂を下流に運ぶ方法の検討も進められている。しかし、莫大な工事予算など障害は多く、具体策は決まっていない。

佐久間ダムにたまる大量の砂は、中田島砂丘になるべき砂だった。消える砂丘は、土砂を運び、国土をつくるという、川の大切な力を私たちに示すことになった。

（二〇一七年五月十四日）

森の香りのアユ

最上小国川ダム建設地。砂防堰堤《えんてい》の下流にダムが造られる

　夏の終わり、使い残した青春18きっぷで川を見に出かけた。岐阜駅からの始発で在来線を乗り継いで、その日のうちに到着できる一番遠い川は、最上川（山形県）の支流・小国川だった。

　小国川は東北を代表するアユの川だ。産するアユは「松原鮎」と呼ばれ、明治天皇への献上品ともなったという。

　山形県の瀬見温泉でヤナ場を営んでいる八鍬孝明さんを訪ねた。昨夜の雨で今年初めてアユが下りたと、忙しくアユの出荷作業をされていた。

「下り始めて一週間のアユが一番おいしい」。そう言って、番小屋のいろりに炭火をおこし、選んだアユを焼いてくださった。

　そのアユは夏の姿だが、焼き上がったアユをさばくと、対になった卵巣の片方だけが膨らみ、産卵の準備が始まっていた。

初めて松原鮎を食べた。一晩をいけすで過ごしたアユの腸に藻類の苦みはなかったが、体表の粘膜の脂が放つ芳香が際立っていた。アユは香魚と呼ばれるが、その香りは餌となる藻類がつくり出す成分に由来する。それは、森林の芳香物質として知られるフィトンチッドと似た成分であるという。そのアユの脂は口の中に満ちて、食後もぴりぴりするほどの森の香りを感じた。

地元釣り師、下川久伍さんの案内でダム建設地に行った。ダム建設に反対した前漁業組合長の自死という悲惨を経て、建設が始まった最上小国川ダムは「穴あきダム」だ。ダム本体に穴があり、大水の直後には水をため、ゆっくりと下流に流す。常時水をためないことから環境への影響は少ないという。

大水の後、いったん水をためるダム上流は深い森になっていた。雨量によっては長い時間、水中に沈むことになるダム上流の木々の中には、枯れるものもあるのではないか。枯死した木々や流れた土砂が穴をふさぎ、やがて水底で森は死んでしまわないのか。

その日、私として珍しく下腹が硬く、夜半になってトイレにこもった。放たれて、昼間のアユの、森の香りが広がった。

（二〇一五年十一月一日）

アマゴの宝庫遠く

長良川の支流・亀尾島川上流に建設される内ケ谷ダム。本体工事は未着手（2015年撮影時）

雨が上がった午後、内ケ谷（岐阜県郡上市）に向かった。長良川の支流・亀尾島《きびしま》川の上流域にその谷はある。紅葉はすでに終わって山の木々は冬の姿。穏やかな流れの中、そこかしこ、瀬頭にはアマゴの産卵床が数知れずある。産卵期はすでに終わり、親魚の姿はもはやなかった。

川沿いの工事用の仮設道路を一時間ほど歩くとコンクリートの塊が見えた。ダムの本体工事を開始するために、川の流れを迂回《うかい》させるトンネルだった。

一九八三年に建設が採択された内ケ谷ダムではあったが、二〇〇九年の「できるだけダムに頼らない治水」への政策転換の流れを受けて、国の事業評価の対象となった。一一年、計画地下流に住む私も住民説明会に参加した。私を含めて、参加した方々の意見は建設見直しが圧倒的と見えたが、建設計画は継続された。

今年九月、記憶に新しい鬼怒川での洪水被害があった。鬼怒川の流域の広さを指す集水面積は、長良川の八十八パーセント。鬼怒川の本流には四つの大規模ダムが建設され、ダム上流の集水面積は川全体の三分の一を占める。対して、内ケ谷ダムの集水面積は長良川全体のわずか二パーセント。そして、ダムにためることができる水の量（治水容量）で見ると、鬼怒川のダム群は内ケ谷ダムの十四倍もある。

そのダム群が機能してなお、洪水は鬼怒川流域に大きな被害をもたらした。

「亀尾島川は、開発の進んだ奥長良の中で俗化されていない自然美を誇っているとともに、県内でも有数のアマゴの宝庫にもなっており……」

この文章は他ならぬ岐阜県公式ホームページにある内ケ谷ダム計画地についての説明だ。事業費は当初の計画で二百六十億円、〇三年の再算定時で三百四十億円。さらなる増額も見込まれる巨大事業。そのダムは長良川に本当に必要なのか。

今はすでに人の住まぬ山里の谷間から、改めて問うてみたいのだ。

（二〇一五年十一月二十九日）

シーボルトの川

カワムツ（水槽内）は中国、台湾などに分布。シーボルトの標本を基に新種記載された＝長崎県東彼杵郡川棚町で

ほとんどの生き物には名前がある。世界で共通するのが学名と呼ばれるラテン語の名前だ。

今から百六十九年前の一八四六（弘化三）年。日本にいる淡水魚で最初に学名が付けられて、世界に紹介された魚の一種がカワムツだ。その学名の基となった魚の標本は、現在もオランダ国立自然史博物館（ナチュラリス生物多様性センター）に収蔵されている。

なぜ、日本の淡水魚がオランダにあるのか。それは江戸後期、長崎の出島に滞在したオランダ商館医、シーボルトの存在がある。シーボルトの数万点という標本を基に発表された日本の生物はトキ、オオサンショウウオなどたくさんある。魚類ではアユ、ウナギ、タイなどよく知られた魚が三百五十種余り、淡水魚では十九種に学名が付けられた。

淡水魚の採集地はどの川かは分かっていなかった。近年、川の規模、そして現存する魚の種類などから、長崎県、大村湾に注ぐ川棚川の流域。そして、希少種が含まれることから、支流の石木川が主な採集地ではと考えられている。

石木川には五十年前にダムが計画された。高度成長期に立案され、必要性の乏しい公共事業は予備調査から四十年を経過してなお住民が建設に反対し、計画地には現在も十三世帯六十人が生活している。ダム計画を進める長崎県と佐世保市は今年八月、農地の一部を強制収用した。しかし、住民たちは連日、心を繋《つな》ぎ肩を寄せて、「人の鎖」で工事の開始を阻止している。

ダムが計画された川の自然は美しい。それはダム建設を前提として不要な河川工事などが行われないからだ。とても皮肉な事実なのだが、ダム計画によって石木川の自然は保たれ、シーボルトが世界に紹介した日本の川の姿をそのままに残すことになった。

収穫間近の稲穂が光る。石木川では今日も里の普通の生活を守るための戦いが続く。人々が守り続けているは日本の原風景、そして日本の自然そのものでもあるのだ。

（二〇一五年十月四日）

ダムの未来

ダム撤去工事前の写真を示すつる詳子さん＝2015年10月、熊本県八代市の荒瀬ダムで

　万物には寿命がある。迫り来るのは老朽化だ。一説には七十年といわれるコンクリートの耐用年数。時を経たダムにはどんな未来が待つのか。二〇一八年三月には姿を消すというダムを球磨《くま》川（熊本県）に訪ねた。

　荒瀬ダムは熊本県が電力の安定供給を目的に建設、一九五五年に竣工した球磨川で最初のダムだ。

　以来、球磨川では、ダム上下流での水害の増大、アユ漁の衰退などの問題が生じる。解決を求めて地元、旧坂本村（現・八代市）を中心としたダム撤去の声は高まり、〇三年の水利権の更新を機に一〇年のダム撤去が決まった。

　ところが〇八年、県知事が代わり、工事費の高騰を理由にダム撤去の計画は凍結される。しかし、球磨川の流れを取り返したいという流域の市民らの声は大きく、曲折を経て県知事は、一〇年二月、ダム撤去の決定を行った。

高さ二十五メートルという本格的なダムとしては日本初となる撤去工事は、一二年から開始され、一八年三月、最後の門柱が撤去される。

八代市で球磨川とかかわり、荒瀬ダム撤去の運動を担ったつる詳子さんと川を巡った。最初に案内された河口域には、広大な干潟が広がる。砂が戻りアナジャコ漁の漁場が広がり、回復した藻場では伝統のウナギ漁（たかんぽ漁）が復活したという。

上流に移動し、荒瀬ダムを望む場所で昼食を取った。眼下には流れを取り戻した早瀬が見える。

「私も、ダム撤去の工事現場よりも早瀬に目がいってしまうのよ」。つるさんがそう笑った。

ダムに豊かな未来を見た時代は確かにあった。しかし、川には山からの土砂を海に運んで国土を育て、魚たちの生活場所として地域を富ませる機能がある。川には、川にしかできない仕事があるのだ。

ダムの未来ではなく、川の未来を見たい。球磨川の、よみがえった流れを見てそう思った。

（二〇一六年一月十七日）

砂の行方

幅２メートルのスリットを入れる改修を行った乳川白沢砂防ダム＝長野県大町市で

二〇一八年三月二十日。荒瀬ダムの撤去工事が完了する。荒瀬ダムは球磨《くま》川水系に一九五五年に完成した熊本県最古の発電ダム。高さ二十五メートルという規模のダム撤去は日本初となる。私は撤去が始まって四年経過した一六年、球磨川のダム問題に詳しい八代市のつる詳子さんの案内で球磨川を巡った。印象深かったのは、撤去が始まると河口域の干潟が再生し、伝統的ウナギ漁が復活したというお話だった。

日本の国土は雨が多く、急勾配地も多い。強い雨は谷を浸食して、大量の土砂を下流に運んだ。土砂を運び国土をつくるのも川の重要な機能だ。

川による浸食、土砂災害を防ぐ目的で砂をためる「砂防ダム」。その数は全国におよそ九万基。一体どれだけの土砂が、これらの「ダム」にたまっているものか。

　ダムが土砂をためることによる弊害。その影響が明らかになっているのは、神奈川県の西湘バイパス沿いや静岡県浜松市の中田島砂丘などに起こっている海岸線の後退だ。砂を供給していた相模川や天竜川には、相模ダム（完工一九四七年）、佐久間ダム（同五六年）などのダム群がそれぞれ建設された。それ以来の変化だから、日本の海岸線はわずか半世紀ほどで後退してしまったことになる。

　土砂災害を防ぎ、土砂は下流に流す、そんな妙案はないものか。近年では、巨岩を止めて土砂災害を防ぎ、小さな岩、土砂は下流に流すという堤体にスリット（切れ込み）を入れた砂防ダムが建設されている。

　長野県大町市の乳川白沢砂防ダムは普通の砂防ダムだった。そのダムにカッターで幅二メートルのスリットを入れた。総工費は約三億円。同じ規模のスリットダムを新設すると十四億円ほどかかるというから、五分の一強の工事費で改修ができた。

　機能の低下した老朽ダムの撤去、砂防ダムのスリット化。どちらも川の土砂を運ぶ機能は回復し、新たな構造物を造るよりもずっと安い。しかし、不思議なことなのだが、次に続く工事計画は未定なのだという。

（二〇一八年三月十一日）

川の恵みを取り戻す

完成した水制を囲む原小組の社員とＮＰＯ法人「京の川の恵みを活かす会」「やましろ里山の会」などの市民グループ

「京の川の恵みを活かす会」は京都市民、漁協、行政などからなるネットワークだ。代表は竹門康弘さん。京都大学防災研究所に所属する河川生態の研究者だ。会が設立された二〇一一年、鴨川に天然アユを遡上《そじょう》させる「仮設魚道」を設置する、というので見に行った。当時、桂川との合流点の上流には落差の大きな龍門堰《ぜき》があった。

　会のメンバーは板、竹、土嚢《どのう》袋など自然素材を組んで、堰に夏の間だけの魚道を造る。その年、約二万匹のアユが鴨川を遡上して、四条、五条付近でも天然アユが確認された。

　二年後、龍門堰は流木がたまるなどして防災上危険な状態になった。京都府は、農業用水の利用者と調整して、取水をポンプ式に変更、一五年一月、堰を撤去した。堰の環境への影響をアユの遡上調査で示した会の活動が生きている。

さらに上流まで、アユの上れる仮設魚道を設置する。アユが産卵できる場所も必要だ。そして、ゴリやオイカワも増やしてゆかねば。年間を通じて川の自然を取り戻す活動は続く。

増やすこと以上に熱心なのは、生き物をおいしく食べること。秋に開催する「川の恵みを活かすフォーラム」では活動報告会にあわせて「食味体験会」が開かれる。川の幸はコイ、サツキマス、ナマズなど。アユの味比べは、参加者が自分で選んだ各地のアユを、めいめいが好きなだけ、炭火で焼いて味わう。

独創的な取り組みがある。コンクリートが使われていなかった時代、川では竹蛇籠《たけじゃ》や、木製の水制（聖牛《ひじりうし》）を使った土木工事が行われていた。竹門さんは、その伝統的河川工法を現代の川によみがえらせようとしている。自然素材の工作物が、生き物のよいすみ場所となることを実際に示そうというのだ。

指導を仰いだのは、静岡県島田市の原小組三代目、原廣太郎社長。伝統工法を継承し、施工実績のある技能集団を率いる。

（二〇一七年十一月二十六日）

よみがえる伝統工法

竹蛇籠を使った伝統的河川工法を指導する原廣太郎さん＝京都府の木津川で

青竹を割り、編んだ竹蛇《たけじゃ》籠は、直径四十五センチで長さ十メートルほど。どこにも口の開いた部分はない。用意された石には籠の網目よりも大きなものもあったが、どうやって中に入れるのか。指導した静岡県島田市の原小組、原廣太郎さんが網目に石を投げ入れると竹がしなり、網目が広がって、大きな石がすっぽりと籠の中に収まった。

竹蛇籠が中国から伝わり、河川工事に使われたという記録は古事記にある。以来、蛇籠や木枠を使った水制工は、各地の川で工夫され使い続けられる。一九五〇年頃までは一般的な河川工法だったが、六〇年代以降、コンクリートが使われるようになってからは急激に衰退した。

九〇年代、伝統的河川工法を見直そうという機運が高まった。九一年、静岡県の大井川では台風災害の復旧工事に水制工の一種、大聖牛《おおひじりうし》が使用された。九七年に改正された河川法で、河川整備の目的に、治水、利水に加えて、河川環境の整備と保全が加えられた。これを契機に、各地で伝統的河川工法の施工の動きが広がったが、改正から二十年を経て、現在は再びコンクリートの時代だ。

京都大学防災研究所で河川環境を研究する竹門康弘さんは、伝統的河川工法が生き物のすみ場所として有効なのではないかと考えている。実際に水制工を再現して川の変化と生き物を調べよう。京都・木津川のＮＰＯ法人「やましろ里山の会」など、各地の市民団体、研究者に呼び掛け、国土交通省の協力も得た。大井川などで施工実績のある原さんたちを木津川に招き、二〇一五年、伝統的河川工法の講習会を開いた。全国から集まった百二十人余の参加者が、二日がかりで編み上げた竹蛇籠が木津川に設置された。

設置後の生物調査によると、一年で魚類二種だった場所に十種の魚類、その他二十三種の生物が確認されるようになったという。

十二月三日、新たに大井川筋に伝わる大聖牛を小ぶりにした中聖牛という木枠の水制三基が木津川に設置された。

市民と研究者が川の匠《たくみ》の手を借りてよみがえらせた伝統的河川工法。川の恵みを取り戻す新しい試みだ。

（二〇一七年十二月十日）

イワナの生きざま　産卵場復元

イワナの産卵場造りの説明を受ける参加者たち＝2014年10月、岐阜県飛騨市で

柔らかな木漏れ日の中で何が始まるのか。ここは、岐阜県の奥飛騨温泉郷、栃尾温泉を流れる高原川の支流・蒲田川。河川敷に、木立に囲まれた小さな流れがある。この流れは、イワナの産卵を目的とした人工の川で、上流の砂防堰《えん》堤《てい》から水を引いて造られている。

十月の終わり頃、イワナは沢を上る。大きな流れから小さな流れへ、そしてそのさらに細まった沢筋をどこまでも上って、背中が出るほどの浅い流れの中で産卵する。受精した卵は雪の下で冬を過ごし、河床の小石のすきまで春を待つ。稚魚となって、餌をとるようになると沢を下り、大きな流れを目指す。上流の細い流れの中、春を待つことで、雪解けの大水から、小さなイワナたちの命は守られる。

日本のほとんどの川の上流域には砂防堰堤がある。土石流から下流の集落などを守るためだが、堰堤があることでイワナは上流へ移動ができなくなった。安全な産卵場所に行くことができない。イワナの数が減っている原因の一つでもある。

失われたイワナの産卵する沢をよみがえらせよう。その目的で、高原川漁協が堰堤の下流に造ったのがイワナ産卵用人工河川だ。漁協では二〇〇五年から組合員による産卵場造りを始めた。そして、〇八年からは一般の参加者を募集している。*

イワナの産卵場造りに、組合員以外の参加を呼び掛けたのは、漁協とは釣り人から遊漁料を取り立てるだけの存在ではないことを、広く知ってほしいという思いからだ。産卵場を造るという行為を通じて、「釣り魚としてだけでない『イワナの生きざま』を感じてもらえたら」と高原川漁協の徳田幸憲さんは語る。

事前の準備は組合員が行う。一般参加者の作業は当日の朝から。用意された砂利を沢に運び入れる。産卵床をならすなど、小中学生も参加して午前中に産卵床造りを終える。昼食は漁協が提供する高原アユのアユ飯と塩焼き、豚汁を参加者全員で食べる。

思いをはせるのは、ふ化した稚魚たちが春、沢を下っていく姿だ。高原川漁協では、この取り組みをこれからも続けていくつもりだ。

（二〇一六年十月九日）

＊毎年、十月最終週の日曜日に開催を予定している。問い合わせは高原川漁協＝電話・ファクス０５７８（８２）２１１５＝へ。

うな丼の行方

売り切ったら店を閉める。土用の丑でも同じという「清水屋」の波多野利彦さん

今年の土用の丑は七月三十日。その日を前に九日、「うな丼の未来」という公開シンポジウムが東京大学弥生講堂で開かれた。四回目となる今年のテーマは「丑の日のあり方を考える」。

ウナギ博士として知られる日本大学教授・塚本勝巳さんは、詰めかけた聴衆に語りかけた。「安い『ウナギ』を大量に消費する『丑の日』でよいのですか」

土用の丑には鰻《うなぎ》。このコピーを発案したのは江戸の奇才、平賀源内といわれる。クリスマスのケーキやバレンタインのチョコ同様に、記念日を定めて商品を売る販売法は「記念日マーケティング」といわれる。

土用の日、一日の鰻の消費量は、年間消費量の実に三十二パーセントに当たるという。丑の日に安く、そして大量に販売されるのは、ヨーロッパウナギを中国で養殖加工したものだ。

現在、国内で流通する鰻の六割は輸入に頼る。加工品では、ニホンウナギの代わりにヨーロッパウナギが利用されている。しかし、日本の爆食も一因とされる乱獲で、ヨーロッパウナギも激減。ワシントン条約の規制対象となり国際取引ができなくなった。

皮肉なことに、代用品だったヨーロッパウナギの輸入禁止に引きずられて、ニホンウナギを含む世界中のウナギ類の輸出入が禁止されようとしている。安い輸入ウナギが食卓から消える日は、国内産ウナギも消える日なのだ。

私は浜名湖の北岸の町で生まれた。産湯を使った母の実家のななめ向かいに、戦前から三代続く「清水屋」という老舗鰻屋がある。現在の主は波多野利彦さん。私の一年後輩で、幼年期の遊び仲間だ。幼年期の思い出は、近所の大きな犬、廃工場のお化け煙突。高い塀の中からは、先代が焼く鰻の香りが外に流れていた。

帰省の路。鰻を焼く香りで故郷を感じた。

鰻屋に行こう。座敷に座り、流れてくる香りを楽しもう。胃袋を躍らせ、大切な人と鰻を食べよう。土用の丑の日以外の日に。

（二〇一六年七月十七日）

河川法とヤナギ

ヤナギを植えた中川原の人々（2002 年 11 月 10 日撮影。酒井寛さん提供）

皆で土地を出し合い、堤防の建設を要望した。実行にはいたらなかったが、昭和天皇の鵜飼ご観覧の際、堤防建設を直訴しようとする動きもあったという。岐阜市中川原は、長良川の右岸、鵜飼い大橋の上流にある。

その後、ようやく堤防ができ、高水敷《こうすいしき》の水際にはヤナギが茂った。ところが、今年の三月、国土交通省はこのヤナギを切り倒してしまった。

「あのヤナギは、自治会が中心になって植えたものです。畑で苗木を作り、三百数十本を水際に植え、守ってきたのですが、われわれの知らない間に伐採が始まりました」

中川原に住む酒井寛さんは、驚いて国土交通省の長良川第一出張所に出向いた。出張所長の説明は「流れの妨げとなるから樹木を除去した。漁協には連絡したが、地権者ではない自治会には連絡しなかった」という内容だった。

残念だったのは国土交通省の担当者間で、今までの経緯が伝えられてこなかったことだ、と酒井さん。

一九九九年、大水で長良川は流路を変え、中川原の堤防前の護岸がえぐられた。その時、建設省時代に植えられたヤナギも蛇籠とともに流失した。人々は、地区を守ろうと、国土交通省の復旧工事に合わせて、二〇〇二年に再びヤナギを植えた。

ヤナギは大きく育った。一四年八月、長良川は増水し、下流では避難勧告が出るほどの水量だったが、激流はヤナギで阻まれ、中川原の堤防際の流れは静かだったという。

九七年、河川法が改正された。治水と利水という川の役割に、環境が加えられた。第一条に「河川環境の整備と保全」が明記され、整備計画を立てるには、住民の意見も反映するなどの手続きも定められた。

法改正は、長良川河口堰《ぜき》問題など、各地で起こった自然保護運動が一つのきっかけとなったともいわれる。改正から二十年を経て、川と人とのかかわりが、改めて問われているのだと思った。

（二〇一七年四月十六日）

始まりから終わりまで　流域を守る

6月中旬、夜間開放され、ゲンジボタルが楽しめる「小網代の森」

降った雨が海に注ぐまで、つまりは川の始まりから終わりまで、集水域の森全てと、河口に広がる干潟までが丸ごと保全されている場所がある。神奈川県三浦市、三浦半島の「小網代《こあじろ》の森」*だ。

　森には一九八〇年代にゴルフ場などのリゾート開発の計画があった。その開発計画が変更され、開発用地約百六十八ヘクタールのうちの約七十ヘクタールが国と県によって取得された。人工通路などが整備され、一般に開放されたのは二〇一四年七月のことだ。通常は昼間だけだが、一五年からホタルの季節は夜間にも開放されている。神奈川県のホームページで開放日を確認して、ホタル見物に出かけた。

　小網代の森は都心から一時間半という距離に

ある。大都市圏に残った流域に人間が住まない自然豊かな森だ。京浜急行の終点、三崎口駅から森の入り口まで勾配のない国道を歩いて三十分。バスなら五分の距離に、森の入り口がある。

私がこの森に来たのは初めてではなかった。二十八年前、ゴルフ場建設が近く開始されるという森を訪ねた。当時は苦労して歩いた川沿いの道は木道に整備され、通路は普通の靴でも歩くことができる。三十分ほどで河口に着いた。当時と同じヨシ原が広がっていた。あの時は、この光景も見納めかと、無数のアカテガニが幼生を海に放つ瞬間を見守った。

ヨシ原のテラスで、NPO法人「小網代野外活動調整会議」の代表、岸由二さんを待った。「昔のままの姿ですね」。私が話し掛けると、岸さんは違うと言う。河口のヨシ原は、一度は乾燥して笹に覆われた。それを人間の力でヨシ原に戻したのだと言う。どのように森が残され、元の姿を取り戻したのか。その経緯は今春、岸さんらが上梓した『「奇跡の自然」の守りかた』（筑摩書房）に詳しい。小網代の森は人々がつくり上げた「奇跡の自然」でもあるということか。

夜が訪れた。森と川のはざまに、ゲンジボタルの艶やかな光が流れ出した。

（二〇一六年六月五日）

＊「小網代の森」の詳細に関しては、神奈川県のホームページで確認を。

四章　川と命と

出会いと別れの中で、
人と生き物を見つめてきたんだ

開かれたゲート　もう一つの長良川

住民運動で開門したパクムンダム上流から、ワニダーさん追悼の花びらを流す人々＝タイ・ムン川で

視線が合えば微笑みが返ってくる。いつか見た後ろ姿かと、近寄って話し掛けたい思いにかられるが、そこは見知らぬ場所、初めて出会った人々の中にいた。

タイ東北部を西から東に流れるムン川は長さ約九百キロ、メコン最大の支流だ。その川がメコンに合流する場所にパクムンダムがある。パクというのは現地で口の意味だから、パクムンダムとはムン川河口ダムという意味になる。くしくも完成したのは、長良川河口堰《ぜき》の本体工事が終了した一九九四年のことだった。

長良川とムン川に、同じ年に完成した河口のダム。それらは豊かな川から魚と人々の暮らしを奪った。

ムン川流域で五千世帯が補償を受け、千人が住居を移転したダム建設だったが、もっと多くの人々が川に寄り添って暮らしていた。毎年雨季になると、遠くは下流カンボジアからメコンを魚たちが上る。メコン全体に占めるムン川の流域面積は実に十五パーセントに及ぶ。源流部から河口までの標高差が四百メートルほどしかない穏やかな流れは、メコンの魚たちにとって大切な産卵の場所だった。

形だけの魚道は造られているが、ムン川に上ってくる魚への配慮はないに等しかった。河口を閉ざされ、豊かな流れを失った人々は、ダム撤去に向けて立ち上がった。

ダム撤去の運動を主導した女性がいた。ワニダー・タンティウィタヤーピタックさんは非暴力の抗議運動を展開、ダム完成十年後の二〇〇三年、メコンから魚が遡上《そじょう》する四カ月間はダムゲートを開放するという譲歩を取りつけた。しかし、度重なる政変もあり、その約束は確実には実行されなかった。

パクムンダム問題の完全な解決、ダム撤去に向けた活動のさなか、〇七年十二月、ワニダーさんは病で五十二年の生涯をとじた。

彼女を追悼する集いは、住民の運動で四カ月間の譲歩を取りつけて開放されたゲートを望む岸辺で開かれた。人々が祈り、流す花びらが水面を広がって、ゆっくりと下流へ、メコン本流へと流れていった。

長良川を思う。さまざまな思いが去来して交錯する。熱いものがこみ上げてきた。

（二〇一五年七月十二日）

母なるメコン

ラオスを代表する観光名所であるメコン・パペンの滝

三月初旬、ラオス南部を訪ねた。今回で二十七回目となるメコン。そこは、作家の椎名誠さんが著書の中で「メコンの折れ曲がったところ」と書いた場所だった。

メコン。タイ語でメは川を、コンは大きなといった意味を持つ。東南アジア六カ国を流れ、全長は四千百二十三キロ。世界では十二番目の長さを誇る。

淡水魚の宝庫として知られる南米のアマゾン川は、およそ三千種の魚類がすむという。メコンの魚類はおよそ千三百種。アマゾン川の半分にも満たないのだが、アマゾン川に比べてメコンの流域面積は九分の一、年間の平均流量ではわずか二百分の一ということを考えると、メコンは世界でもずば抜けて、魚の種類の多い川ということが分かるだろう。

そして、メコンの流域には数千万人が、朝な夕な、日々の糧を川から得て暮らしを営んでいる。まさしくメコンは、人々の生活とともにある母なる川だ。

「折れ曲がったところ」は、露出した岩盤が大小の島（中州）となり、大きな島々には人が住み、村落がある。一帯は多数の島があることからシーパンドーン（四千の島）と呼ばれ、島によって分かれた流れは、それぞれが大小幾筋もの滝となっている。その一つ、パペンの滝は東洋のナイアガラと呼ばれるラオスを代表する観光名所だ。

今年から、その滝の下流に、陸から島に渡る橋の建設が始まっているという。今回のメコン行きの目的は、橋の工事がどの程度進んでいるかを確認することだった。

ホテルのある島から船をチャーターしてメコンを下り、滝の下流に向かう。メコンは乾季には流量が少なくなり、水位が十メートル以上も低くなり工事も可能だ。次の雨季が始まる七月までに、橋が完成するかどうかが気がかりだった。もし、橋が完成するとダムの建設工事が始まるのだった。

浅瀬を避けながら遡行《そこう》すると、建設中の橋が見えてきた。

（二〇一五年四月五日）

メコンの魔法

ダム建設が始まる前、メコンの分流、フーサホンでは村人が総出で魚を獲っていた。この場所はダムによって失われた＝ラオス南部で

橋が建設されている場所。そこはラオスとカンボジアの国境部で、メコンは島（中洲）によって多くの分流となって流れている。たくさんの島があることからシーパンドーン（四千の島）と呼ばれている。

橋はその分流の一つを越えて陸側からサダム島という島に向けて架けられている。サダム島と隣り合うサホン島の間の分流、フーサホンには、ダムが造られる計画だ。ここに通うことになったきっかけは七年前、日本の非政府組織（NGO）が行ったダム予定地の現地調査に同行したことだった。

研究者の案内でフーサホンへ。その水路には、乾季の数日間、数百キロ下流のカンボジア・トンレサップ湖から魚の大群が上ってくるのだという。その期間を選んだが、以前、彼が漁を記録したという場所に魚の姿はない。漁具らしい木組みはあるものの、人の姿はまばらだった。

期待した魚の大群の遡上《そじょう》を見ることはなかったが、メコンは魅力にあふれていた。大瀑布《ばくふ》を見て、国境部にすんでいるカワゴンドウというイルカの群れを撮影した。宿泊した島には電気がなかったが、夜には各戸で発電機が動く。水道はないから、体はメコンで洗う。商店の大型保冷ボックスには氷とビールが入っていた。メコンをはさんでカンボジアへ沈む夕日を見ながら、冷えたビールを飲んだ。

瞬く間に十日間が過ぎて、明後日には出国となった日の朝、今までは乾ききっていた大気がしっとりとした。水面にうっすらと朝モヤが立つ。村の中が、何やらざわついていた。

魚が来ている。

フーサホンに向かった。岸辺に人があふれていた。いたるところで、人々がさまざまな方法で魚を獲っていた。乾き、小石があるだけだった川岸は、いまや、足の踏み場もなく小魚が干されていた。おびただしい数の魚、魚。

川が生きている。メコンが私に魔法をかけた瞬間だった。

（二〇一五年四月十九日）

流されてメコン

流されて、フランス統治時代の橋のアーチに引っかかったコテージといかだ＝ラオス南部で

メコンに通うこと二十五回目。思いもよらぬ出来事に遭遇した。

メコンでは、竹で束ねたいかだの上のコテージに泊まることにしていた。二部屋隣り合わせで電気と温水完備、川面の眺めは素晴らしく、メコン行きの楽しみでもあった。

その日の朝、カメラ一台を持って岸に渡っていた。コテージへ戻ろうとすると、水位はわずかの間に上昇し、コテージをヤシの木に結っていた太いロープがほどけだしている。人を呼び、ロープを結び直そうとしたが、すでにヤシの木に届かない。残るは三本の細いロープがコテージと岸を繋《つな》いでいるだけの状態。

隣の部屋には英国人男女が泊まっていたが、起きてこない。私たちの部屋には、カメラやパソコン、その他全てが置いたままだ。ロープを伝ってコテージに渡るしかない。防水バッグに貴重品だけでも入れて救い出そう。

コテージに渡ろうと、護岸の端に立つと、鉄筋棒が突き出ているのが目についた。コテージの下流には新しいいかだが建設中。コテージの流れる方向を建設中のいかだへ向ければ、いかだにぶつかって、コテージを止めることができるかも。

急いで、ロープの端を鉄筋棒に巻き付けて引っ張り、固定した。その瞬間、岸とコテージとを繋いでいた上流側のロープが鈍い音を立てて切れた。手にしたロープを握り、こらえる。はたして、コテージは鉄筋棒を中心に回転して、下流のいかだに激突した。やった、と思ったのもつかの間、衝撃でいかだを繋ぐロープは切れ、コテージと一緒に川の中央へと流れ出した。だめか。ロープが切れた反動で、ひっくり返った私が起き上がった瞬間、コテージに繋がっていた電線が護岸の上を走り、私は水中に引きずり込まれた。

水面に浮かぶと、いかだとコテージは水路の中央を、下流のフランス統治時代の橋に向かって流れている。その橋を過ぎたら、その先には落差三十メートル、巨大な滝が控えている。ホテルのフロントに繋がれた小舟に乗り込んで追いかける。危機一髪。

コテージはいかだと組み合わさったことで、橋のアーチ部分に引っかかり止まった。隣の部屋の二人は、コテージといかだがぶつかった衝撃で目が覚めたという。着の身着のまま、岸に向かって泳ぎ、救助されたのだった。

（二〇一五年五月三日）

メコン祈りの儀式

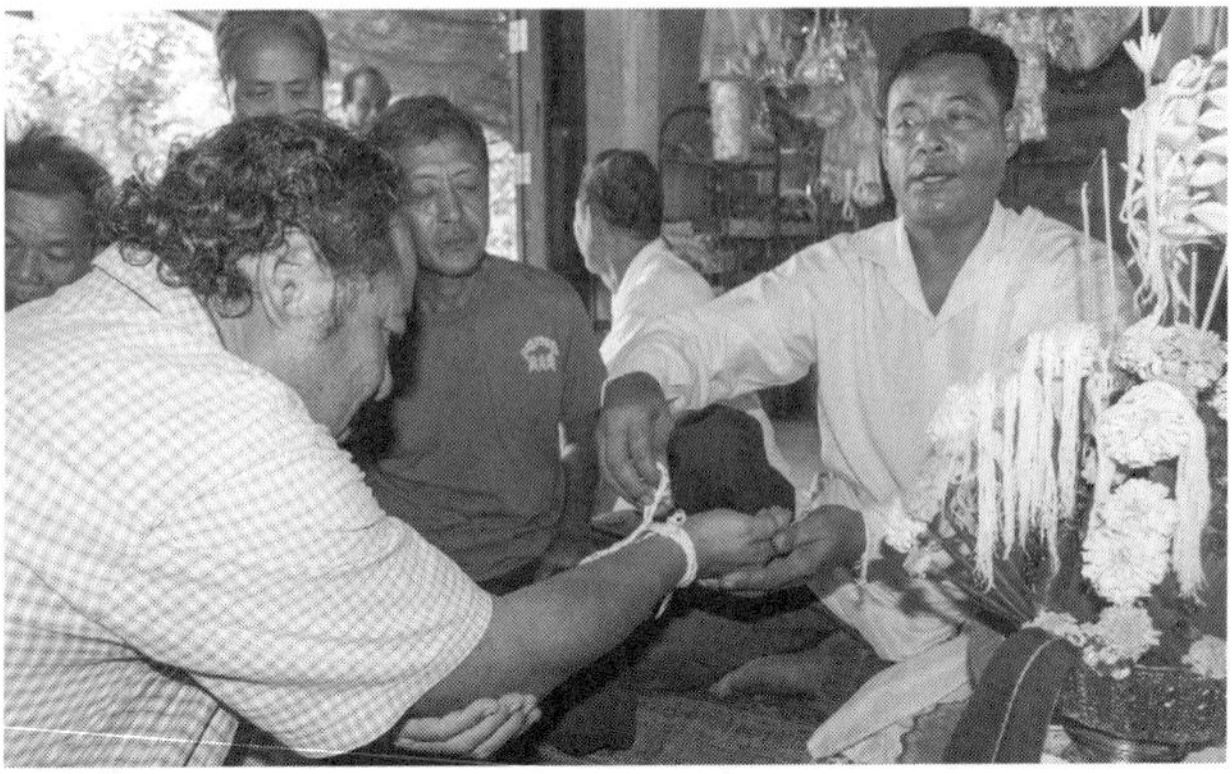

「バーシー」の儀式で祈りを捧げ、編んだ木綿糸を手首に結ぶ＝ラオス南部・サダム島で

私たちが泊まっていたラオスの水上コテージが、メコンの急激な水位上昇で流された。島の中は大混乱となっていた。村人は流れるコテージを追いかける。授業中の教室からは生徒も走り出て追いかける。騒ぎの中で、私たちが乗ったまま、水上コテージが流れたと思った村の人々は、みんな肝を冷やしたらしい。

村の人々は言う。「メコンの水位は今までになかった変化をする。中国が上流にダムを造ってからだ」

メコンは六つの国を流れている。最上流は中国、そしてミャンマー、ラオス、タイ、カンボジアと流れ、河口域はベトナムだ。中国は二十八カ所にダム建設を計画していて、二〇一五年現在、六つのダムが完成している。コテージが流された一一年当時、中国では世界で三番目となる高さ二百九十二メートル、貯水量は日本最大の徳山ダム（岐阜県）の二十二倍という超巨大ダム（小湾ダム）が水をため始めていた。乾季の極端な減水。雨季の急激な水位上昇。ダム建設後のメコンの異変については聞いていたが、まさか自分たちが巻き込まれるとは。

着ていた服、持っていた一台のカメラ以外は全て流失してしまったが、壁に固定された金庫に入れていた旅券、カード類、現金は無事だった。

帰国の前日、妻が中学校建設に協力しているサダム島を訪問した。前回来た時に約束していた、中学校のトタン屋根を購入するための募金を村長に手渡した。

宴《うたげ》が用意されていた。とれたての魚と山菜料理の数々。村中の人々がそろっていた。トタン屋根のお礼かと思ったのだが、村長は違うと言った。

「あの災難で、あなたがたの心がどこかに行ってしまわないように、心を繋《つな》ぎとめるお祈りが必要なのです」

それは「バーシー」というラオスの伝統儀式。祈りの後、村人たちは編んだ木綿糸を私たちの腕に結わえる。

祈り、お守りの糸を結ぶ人々。その中にあって改めて、私たちは大変なことに巻き込まれたのだということを感じたのだった。

（二〇一五年五月十七日）

虫食いの系譜

灯火に集まる虫を、水を張ったカップに集める少女たち＝ラオス・メコンで

　自分が「虫食い」の系譜にあることを知ったのは大学に入ってからだ。

　当時、愛媛大学講師・守谷毅さんの民俗学の授業で、世界中、多くの人々が昆虫を食べていて、日本でも昆虫食が普通に行われている場所があることを知った。その地、天竜川の上流域は、父が生まれ育った場所だった。実家に電話して父と話した。電話を不思議がっていた父だったが「なんだ、ザザムシのことか」と笑った。

　ザザムシ。それはヒゲナガカワトビケラという水中にすむ昆虫の幼虫だった。黒光りするイモムシ様の胴体の片方に、小さな頭と脚が付いている。河床の石の間に糸で巣をつくって、流れてくる餌を食べている。

重信川（愛媛県松山市）に行き、ザザムシを集めて、コッヘルに少し油を引いて炒めた。四十年以上も前のことなのだが、プチンとした歯ざわりを覚えている。

六月下旬のメコンは雨季の始まりを告げる雨になった。午後からの豪雨が収まった午後七時頃、パラパラと軽やかな音とともに虫たちがベランダの灯火《ともしび》に集まってきた。尋常ではないその数に、明かりが見えなくなる。虫は閉めきった部屋にも入ってきて、ベッドの上を這《は》いまわる。三センチほどもあるその昆虫は、トビケラの仲間だった。

翌朝、近所の家々では、家族がたらいを囲んでいる。たらいは昨夜、電球の下に置き、水を張っておいたものだ。中には灯火に集まった昆虫が層をなしていた。その中から、昨夜大量に羽化した、大型のトビケラをえり分けている。よほど物ほしそうに眺めていたものか、ホテルの朝食にトビケラを軽く炒《い》ったものが添えられていた。

少しつまんで口に入れた。焦げたエビの仲間の香り、体はやわらかく、抵抗なくかみしめると、飛翔《ひしょう》筋だろうか筋肉の味と歯ごたえを感じた。そして、甘く、ほんのわずかに苦酸っぱいものが口の中ではじけた。それは卵の塊であった。メコンの川床で育ち、夜空高く飛び、子孫を放つ刹那のザザムシの、ほろ苦甘い味だった。

（二〇一五年七月二十六日）

ラオス式魚焼き

同じ大きさの魚を並べると固定しやすい。イワシなど海の魚でもお試しを＝ラオス・メコンで

夏。水辺での楽しいひととき、場所によっては焚《た》き火を楽しむ施設もあるだろう。そんな場所でぜひ試していただきたいのが、ラオス式の魚焼きだ。

日本で魚を焼く場合、先の尖った竹の串を用意する。例えば、アユを焼く場合。口から串を入れ、えらぶたから突き出した串先を、アユの体の後ろの方に刺し通す。この時、アユの体を少し曲げて刺し通すのが肝要だ。これは焼き上がりの姿を美しくするという効果もあるけれど、体を曲げることで焼いている時に魚が回転してしまうことを防いでいる。ところがこの方法、体の短い魚、小さな魚では曲げて刺すのは難しい。そんな時、ラオス式は簡単に固定でき、しかも複数の魚を同時に焼くことができる。

ラオス式では、幅二センチ、長さ四十センチくらいの竹を用意する。直径一センチくらいの笹竹でもいい。その竹を半分に裂いて、間に魚をはさむ。竹同士が離れてしまわないように、ラオスでは両端に細い竹ひごを巻き付けて固定していた。柔らかい生の竹を使うか、細い針金を用意すると固定が容易だ。

次に大切なのは、火の強さだ。焚き火というと盛大に炎を燃やしてしまいがちだけれど、魚に焚き火の炎が直接当たらないこと。いったん燃えた後の熾火《おきび》の状態が魚焼きには適している。はさんでいる竹が少し焦げるくらいを目安に、遠火であぶるようにすると、竹ではさんだ部分もうまく焼くことができる。

手網など網で獲った魚は鱗《うろこ》を取り、塩をふり、そのままはさむ。釣った魚は、餌を食べているから内臓を取り出すことになるけれど、内臓を出した魚を日本式に串に刺して焼くと、腹の部分が開いてうまく焼けない。ラオス式は竹ではさむのでそれがない。取り除いた内臓部分にネギなどの香味野菜をはさむのもいい。焼き上がるにつれて香りが移り、魚の臭いが苦手な方にも風味よく食べてもらえるだろう。

（二〇一五年八月九日）

消えたメコンオオナマズ

ラオス南部、メコンの分流、フーサホンで獲れたメコンオオナマズ。全長 252 センチ、体重は 200 キロ以上（2009 年 10 月 22 日）

朝食をとっていると、ホテルのスタッフが駆けよって来た。

「パーブックが獲れた。まだ生きている」

部屋に戻り、カメラと現金を持って飛び出した。場所は分かっていた。メコンはラオス南部で川幅五キロにわたり島々（中州）が流れを止め、十数本の滝に分かれる。その中に唯一、落差が小さく、魚が通れる「魚道」のような分流、フーサホンがある。

パーブック、ラオス語では大きな魚という意味のメコンオオナマズ。体長三メートルに迫る鱗《うろこ》のない魚で世界最大級。その名はおそらく世界の中でも日本人が一番よく知っている。秋篠宮殿下が研究されたからだ。

国内には、世界淡水魚園水族館アクア・トトぎふ（岐阜県各務原市）、長崎ペンギン水族館（長崎市）の二カ所で飼育展示され、両館で延べ計八百万人余りが見学している。しかし、メコン流域では、王族だけが食べることを許されたという貴重な魚。今では激減して幻の魚だ。

フーサホンで獲れるという話を聞いてはいたが、まさか本当に獲れるとは。二〇〇九年十月二十二日。フーサホンに通いだして二年目のことだった。

ホテルがある島から、四つ離れた島にフーサホンはある。ホテルの自転車で山道を上り、下って島の反対側へ。小舟でサホン島に渡り、再び山道を急いだ。二時間近くかけて現地に着くと、魚は荷車に乗せられ村へ運ばれていくところだった。

貴重な魚を買い取ろうと、お願いした。しかし、すでに政府が買い取ったという。魚は首都ビエンチャンの、しかるべき場所で保管されるという。巨大な魚のヒレの先を十センチほどDNA分析用に切ってもらった。

メコンオオナマズはワシントン条約で国外には持ち出せない。ひとまず、標本はホテルに預け、翌年、ビエンチャンを経由して帰国する際にラオス国立大学に、そのヒレを届けにいった。大学の標本庫には、左ヒレ先が切り取られた魚が保管されているはずだ。ところが、標本はおろか、捕獲されたという記録さえ残っていなかったのだ。（二〇一六年二月十四日）

存在の証し

メコンオオナマズの獲れたリーという漁具と漁師＝ラオス・フーサホンで

リーはラオスで使われている簗《やな》の一種だ。細く長い木の幹で作られているのだが、十年ほど前に作り方が劇的に変わったという。竹をより、ロープにして木を縛っていたのを、鉄の釘《くぎ》で固定するようになった。強度が増して、水位が高くなっても、リーは流されない。メコンオオナマズがメコンの分流、フーサホンで捕獲されるようになったのは、それ以後のことだ。

メコンはラオス南部で最大三十メートルの落差の十数本の滝になっている。大型の魚などはその滝で阻まれ、上流側へ移動ができないと思われてきた。ところが、二〇〇九年十月、私はフーサホンでメコンオオナマズが獲れた時、偶然に居合わせた。数あるメコン分流の中で、唯一、落差の小さいフーサホンは、巨大魚も遡上《そじょう》できる魚の通り道であることが証明されたのだ。そのフーサホンにダム建設が始まろうとしていた。

フーサホンをメコンオオナマズが上る。それを示す貴重な標本は、地元政府が保管したはずなのだが、正式な記録はなく、捕獲した時の写真と、私が切り取ったヒレの先以外はどこかに消えてしまった。

フーサホンにダムができると、タイ北部、メコン上流にある繁殖場所にたどり着けないメコンオオナマズは繁殖の場を失い、やがて絶滅してしまうだろう。誕生から三百九十万年というその魚の歴史は、途絶えようとしていた。存在の証しを残したい。生きた姿を見たい。記録したい。その思いでフーサホンに通うことになった。

一一年。到着すると十日前に獲れたが、村人たちがすでに食べてしまっていた。一二年。雨期の初めに洪水となり、リーが流れてその年は漁はできなかった。一三年。二週間待ったが雨は降らず、ラオスを出国した日、雨期が始まった。一四年。雨期の中、一カ月待ち続けたが、メコンオオナマズはリーにかかることはなかった。

島を後にする朝、村長が五リットルほどの容器を私に手渡してくれた。前の年、村長自らが捕獲したパーブック（メコンオオナマズ）のなれずしだった。（二〇一六年二月二十八日）

最後の魚を拾う

カンボジアから上ってきた魚を干す（2010年1月、ラオス・フーサホンで）

「日本で一番の魚道はどこにありますか」

私が河川生態学を学んだ水野信彦先生（愛媛大名誉教授）に尋ねたことがある。その魚道は仁淀《によど》川（高知県）の最下流八田堰《はたぜき》にあり、川の早瀬のような姿をしていた。

では、「世界で一番」はといえば、東南アジアの大河メコンのラオスにあるフーサホンと答えたい。

メコンの全長は四千百キロ余。河口から約五百キロのラオス南部で三十メートルほどの落差がある。川幅は広がり、岩でできた島々（中州）の間でメコンは十数本に分かれる。フーサホンとはサホン分流という意味だ。他の分流には途中に落差の大きな滝があるが、フーサホンは勾配が緩やかで滝はない。フーサホンの流量自体は、メコン全体の五パーセント程度だが、乾季でも流れの途絶えないフーサホンは、メコン唯一の「魚の道」だ。

六カ国を潤す国際河川メコンは、数千万人という流域の人々に豊かな恵みを与えてきた。メコンにすむ淡水魚はおよそ千三百種。はるかに流域の大きなアマゾン川に次いで世界第二位、その魚の八割以上が回遊生活をすると研究者はいう。

その名がカンボジアの通貨、リエルの語源ともなったという数センチのコイの仲間は、数百キロ下流のトンレサップ湖から、メコン川をさかのぼりフーサホンを越え、産卵する。体長三メートル、重さ四百キロに迫る世界最大級の淡水魚、メコンオオナマズ。メコン川全域に分布していたが、繁殖はメコン上流の限られた場所で行う。メコンオオナマズが近縁のナマズから分かれたのは三百九十万年以上前、それ以来、現在にいたるまで、メコンオオナマズがメコン全域で命を繋《つな》いでこられたのは、自由に行き来できる「魚の道」、フーサホンが彼らの道だったからだ。

メコン唯一の「魚道」に計画された発電ダム。メコン流域への影響の大きさから周辺国、国際非政府組織（ＮＧＯ）が見直しを求めてきたが、二〇一六年一月八日、フーサホンの流れを止め、ダム建設が開始された。その日。水のない川で、村人たちは最後の魚を拾ったという。


（二〇一六年一月三十一日）

南の島のアユ

奄美大島に通い、4年目に撮影できたリュウキュウアユ

南の島に生きるアユがいる。鹿児島県の奄美大島の川には本州、四国、九州などとは異なる亜種、リュウキュウアユがすんでいる。一九七〇年代の後半までは、沖縄本島北部の河川でもリュウキュウアユは見られたが、川の荒廃で絶滅した。

八七年夏。広島大学の練習船「豊潮丸」の航海実習に便乗し、初めて奄美大島を訪ねた。当時の三代目豊島丸は総トン数三二〇トン。中型の遠洋漁船くらいだった。広島の宇品港を出港、瀬戸内海を航海する間は島影を楽しむ余裕もあったのだが、佐田岬を回り、豊後水道に入ると次第に波は高くなった。薩南諸島の口永良部《くちのえらぶ》島に立ち寄り一泊。翌日は黒潮の本流を突っ切って南下した。船は揺れに揺れた。上も下も分からず、吐くものすらなく二段ベッドにしがみついている間に船は奄美大島の名瀬港に入った。

翌朝、港でレンタカーを手配し、リュウキュウアユがすむという南部の川を目指した。当時、島を貫く国道58号にトンネルは一カ所だけだったと思う。センターラインのない曲がりくねった道は山の際を走る。緑濃い樹林を抜け、峠を三つほど越し、三太郎峠という大きな峠を下ったところに、西仲間の集落があり、ようやく川が見えた。下流の入り組んだ湾にはマングローブの林が広がり、もう一本、河口でも川幅二十メートルほどの川が合流していた。リュウキュウアユのすむという川だった。

役勝《やくがち》川は河口から濁りがあった。アユのすむ中流域でも川は濁り、その姿は見えない。濁りの先、川をたどると、上流は皆伐され丸裸となった山。川には重機が削った斜面から、濃い赤土の濁り水が流れ込んでいた。このままでは、沖縄と同じように奄美大島でもリュウキュウアユは絶滅するのではないのか。

南の島のアユを見たい。そう思い奄美大島を訪ねたが、その姿が見えぬまま、撮影をひとまずおいて、リュウキュウアユを保護する活動を始めることになった。

（二〇一八年一月十四日）

リュウキュウアユフォーラム

マングローブの広がる住用《すみよう》湾。役勝川と住用川が注いでいる

リュウキュウアユのすむ川は濁り、上流域の樹林は根こそぎ伐採され、山は丸裸になっていた。

　奄美大島（鹿児島県）には過去にも大規模伐採の時代があった。先の大戦後、荒廃した鉄道網再建の枕木材として、大量に伐採された。私が初めて奄美大島を訪ねた一九八七年は、戦後四十年を経て、伐採された樹林が再生して「切り頃」を迎えた時期だった。

　こんなに森を切ってしまって大丈夫なのか。不安は的中する。九〇年九月十七、十八日に島の近くを通過した台風19号は豪雨を伴い、土砂災害を引き起こした。大量の土砂を含んだ大水は役勝《やくがち》川沿いの集落を襲った。その時、私はたまたま、被災した川沿いの旅館に滞在していた。

森林伐採、水害、そして、やがて始まるだろう災害復旧の河川工事を思い暗然とした。頻発する水害や河川工事は、川の自然を損なう。沖縄本島同様、リュウキュウアユを絶滅に追い込みかねない事態だった。

その水害の一年前、私は、あまりの河川工事の多さから、奄美のアユが滅びるのでは、とアユ研究の先駆者、当時京都大学におられた川那部浩哉教授に助けを求めていた。

「奄美大島に全国の研究者、専門家を集めましょう。テーマは『奄美の宝』」島の自然の貴重性を、まずは地元の人々に知ってもらわなければならない。川那部教授の提案だった。

水害から約一カ月後、十月二十日。世界自然保護基金日本委員会（現・ＷＷＦジャパン）、淡水魚保護協会、奄美振興研究協会の三財団の共催で「リュウキュウアユフォーラム」が開催された。参加したパネリストは十二人。フォーラムは、奄美の自然の貴重さについて、各分野の自然の専門家が、奄美の人々に直接語った最初の機会となった。そして、リュウキュウアユの存在も広く知られるようになる。

そして、当時愛媛大学の水野信彦教授が会場で紹介した、自然と共存した河川工事は可能だという「多自然型河川工法」は、その後の災害復旧工事に取り入れられることとなった。

首の皮一枚で、リュウキュウアユは絶滅を免れたのかもしれない。しかしまだ、安心していられる状況ではなかったのだ。

（二〇一八年一月二十八日）

「世界自然遺産」の島

山を削り海を赤土で染める採石場。採石くずは、辺野古基地の埋め立てに使う計画もある＝鹿児島県奄美市で

奄美大島（鹿児島県）は森と川の島だ。沖縄本島、佐渡島（新潟県）に次ぐ大きさ、面積は沖縄本島の約六割、島南部の湯《ゆ》湾《わん》岳は標高六百九十四メートルと奄美沖縄で最も高い。同様な緯度にある世界の亜熱帯地域は乾燥した土地が多いが、モンスーンのもたらす大量の雨によって、奄美沖縄には世界的に数少ない湿潤な森林、亜熱帯照葉樹林帯が発達している。その森と年間三千ミリを超える雨に育まれ、奄美大島には多くの川がある。

一九九〇年、奄美大島の名瀬で開催したリュウキュウアユフォーラム。参加者が指摘したのは、奄美の自然は国立公園として守るべき価値があるという評価だった。しかし、奄美の森林は民有地が多い。国立公園となると開発が制限されるという思惑もあり、奄美群島が国立公園に指定されたのは、それから二十七年を経た二〇一七年三月のことだ。

奄美群島国立公園は三十四番目の国立公園。指定の背景には、沖縄本島などとともに「世界自然遺産」登録を目指していたことがある。私は、奄美沖縄が世界自然遺産となることに異論はない。「東洋のガラパゴス」とも称される奄美沖縄の島々だが、新しくできた火山島に、大きな亀がすむ「ガラパゴス諸島」と比べ、奄美沖縄の島々は、はるかに長い歴史と高い生物多様性を誇っている。

昨年六月、私は新たに国立公園となった森から流れ出る川にいた。流れを育んできた照葉樹林は何回か皆伐され、島全体でも自然林は六・五パーセントしかない。その皆伐から三十年近くがたち、樹木は深い緑陰を宿し、自然を取り戻しつつあるように見えた。しかし、川は濁っていた。亜熱帯域最後ともいえる自然海岸の広がる鹿児島県大島郡瀬戸内町の嘉徳《かとく》浜。嘉徳川の上流では、山を削り、自衛隊のミサイル基地の建設が始まっていた。梅雨の中、開削された赤土の山肌から始まる赤い流れは、浜を染め海に注いでいるのだった。

川は流域の自然を映す鏡だ。私と同じ時期に世界自然遺産審査の国際調査団が島を訪れていた。彼らが奄美大島の澄んだ流れを見ることはあっただろうか。島は「世界で唯一の価値を有する重要な地域」として開発から守られ、十分に「保護管理されている」と判断されたのだろうか。

（二〇一八年二月十一日）

淵の名は

鹿児島県奄美市の小学生を対象に行ったリュウキュウアユ観察会

南の島というと、美しい海と白い砂浜、サンゴ礁を思い浮かべるかもしれないけれど、奄美大島（鹿児島県）など、日本の南西諸島を流れる川の素晴らしさは、もっと知られてもいいと思う。

森に始まる流れは、落ち葉の分解した褐色の色素をわずかに溶かし、緑濃い木々の間を下る。開けた川面にさす木漏れ日の中で光る魚は、リュウキュウアユだ。水中マスクをかぶれば、ひんやりとした流れの中には見続けていたい光景が広がる。

アユは川の中流部分に多くすむ。自然の川は中流では蛇行して深く、流れの緩やかなところと、浅く、速く流れるところができる。深いところを淵、浅いところを瀬と呼ぶ。淵の反対側には砂礫《されき》がたまり、河原ができる。淵の前の河原は、人々が川へ下り、利用する場所となった。そのため、全国各地に名前の付いている淵が数多くある。

川の深い部分を淵と呼ぶのは全国に共通すると思っていたが、奄美では淵のことを「コムゥリ」、沖縄では「グムィイ」と呼ぶ。

もしかして、アイヌ語でも淵を別の言葉で表すのではないかと、北海道の二風谷《にぶたに》（沙流《さる》郡平取町《びらとりちょう》）にアイヌ民族研究家の萱野茂さんを訪ねたことがあった。萱野さんがまだ参議院議員になられる前のことだ。

「淵はモイ。静か、ということ」

瀬についてもアイヌの言葉があるという。平瀬は「チャラセ」、早瀬は「ケッペレッペ」だそうだ。釣り人は平瀬をチャラセと呼ぶことがあるが、もともとはアイヌの言葉なのかもしれない。萱野さんは言った。

「ポロモイ。ポロは大きなという意味」

沙流川のポロモイでは、アイヌの神聖な儀式が執り行われていたという。その特別な土地と大きな淵も、今はダム底に沈んでいる。

お礼を言って帰る私に、萱野さんがこう言った。

「若い方。川の名前もいいが、ダムの壊し方を研究してください」。真剣なまなざしだった。

（二〇一八年二月二十五日）

亜熱帯最後の自然海岸

亜熱帯最後の自然海岸に大規模なコンクリートの護岸が計画されている（ドローンで撮影した画像を合成。鹿児島県大島郡瀬戸内町で）

空港から国道58号線を南へ。奄美大島（鹿児島県）は森の島だ。森を通り、山をうがつトンネルを七つばかり抜け、標高三百五十メートルの網野子峠を過ぎて県道を下る。川に沿って進むと十五戸ほどの集落がある。空港から二時間余り。

集落の中程にあるトイレの脇を抜けると、アダンの茂みの先が海だ。場所を明かさず、砂浜と海の映像をネットに投稿した。ダイバー、魚類研究者、サーファーがその場所を言い当てる。

「嘉徳《かとく》にいるのだね」

嘉徳浜は特別な場所だ。さして大きくもない嘉徳川が、営々と山を削り、砂浜をつくった。琉球列島には川が運んだ砂だけでできた、珊瑚《さんご》礁のない砂浜は七カ所しかない。そして、護岸のない砂浜はここだけだ。

アオウミガメ、アカウミガメが産卵する。世界的な希少種として国際自然保護連合（ＩＵＣＮ）の絶滅危惧種１Ａ類に指定されるオサガメの産卵は、日本で唯一この浜で確認されている。

二〇一七年六月の「砂浜の生物調査 in 奄美・嘉徳海岸」（海の生き物を守る会、日本自然保護協会主催）では、わずか一時間ほどの調査で、絶滅危惧種六種、準絶滅危惧種三種の二枚貝が確認された。貝類を分析した貝類多様性研究所の山下博由所長によると、三種の貝類は絶滅危惧種のアマミノクロウサギと同レベルの希少性があるという。

一四年の台風災害後、この浜に全長五百三十メートル、高さ六・五メートルの護岸が計画されている。*鹿児島県大島支庁を訪ねた。

護岸の形式はコンクリートの直立護岸。奄美大島でも多くの浜で見られる護岸だが、前面の砂は引き波によって失われ、砂浜がなくなる問題が生じている。

唯一、希少種として環境対策の対象となった天然記念物のオカヤドカリについては、一年間の調査を行い、オカヤドカリの通る穴を、護岸にあけることにしたという。

住民の安全を考慮しつつ、もっと丁寧な対策ができないか。コンクリートの規格品の護岸がつぶそうとしているのは、亜熱帯最後の自然海岸なのだから。（二〇一七年六月二十五日）

＊奄美大島は国立公園の指定を受けたが、海岸線は保全されていない。

森と川の生態学者

中野繁さんの論文『川と森の生態学』。写真は高原川でニジマスを釣った中野さん（徳田幸憲さん撮影）

岐阜県飛騨市神岡町というと、ノーベル物理学賞で知られる研究施設「スーパーカミオカンデ」のある場所。かつて、イタイイタイ病の原因となった亜鉛鉱山で栄えたこの町は、日本よりも世界で知られる河川生態学者の故郷だ。

中野繁は一九六二年生まれ。三重大学で魚類生態学を学び、大学院を修了後、地元高原川漁協の嘱託研究員として渓流魚を研究した。私が彼と会ったのはその頃だ。当時彼は、ウエットスーツを着て渓流域で潜水観察をしていたが、体の冷えないドライスーツを作りたいといって訪ねてきた。

八〇年代、渓流に潜り、魚の行動を観察する研究者はほとんどいなかった。中野は、過去に前例がない長時間の潜水観察によって、「魚の並び方」を研究。大きい魚を釣るには流れのどこを狙うとよいか、という釣り人の長年の疑問を解明してみせた。

北海道大学の教官となった中野は、日本中から魚、鳥、昆虫など専門の異なる若手研究者を集め、演習林内の幌内川《ほろない》を徹底的に調べ上げた。それは後に「中野学校」と呼ばれる、厳しく統制された研究者集団となる。

夏の魚は森から川に落ちる昆虫を食べ、春先に川から羽化する水生昆虫は森の鳥たちの餌となる。森と川は食べ物を互いに補いあって、そこにすむ生き物たちの命の繋《つな》がりを形づくっている。この研究は北米でも河川生態学の教科書で紹介される内容だ。

中野は、二〇〇〇年三月二十七日（現地時間）、メキシコ・バハカリフォルニアの海で遭難する。二隻のボートのうち一隻が転覆し、米国人研究者二人と安部琢哉、東正彦両教授は遺体で収容された。中野は米国の学生たちを救助し、安部教授に自分のライフジャケットを渡し、自らは海に消えたと十二人の生存者は伝える。三十七歳。妻と三人の子を残し、新たな地、京都大学に赴任した翌年のことだった。

一七年三月、日本生態学会は中野の没後十七年、その後の河川生態研究をテーマとしたシンポジウムを開いた。主宰は「中野学校」の研究者たち。河川研究の中に、彼は生きている。

（二〇一七年四月二日）

釣り人の見た夢

木村英造さんの著書や機関誌『淡水魚』『淡水魚保護』など。手前中央右の本の表紙は、英字紙全面広告を示す木村さん（石川晃一さん提供）

心地よい渓《たに》で美しい魚を釣りたい。その思いが高じて自然保護団体をつくった釣り人がいた。

木村英造さんは、財団法人「淡水魚保護協会」*を一九七一年に設立、自ら理事長となった。協会は渓流魚のみならず、開発や違法行為から日本の自然と魚たちを守るべく闘った。

協会が最も困難で、最大の闘い、としたのは長良川河口堰《ぜき》建設だった。木村さんは、意表を突く作戦に出る。米ニューヨーク・タイムズ紙に英字で意見広告を掲載したのだ。河口堰建設を中止させるには、問題を世界に公にしなくてはならない。はたして長良川河口堰建設は世界の知るところとなり、問題を一地方の、小さな開発行為と見せたかった事業者の肝を冷やした。

最大の功績は、機関誌『淡水魚』『淡水魚保護』などの発刊を十八年間続けたことだろう。貴重な淡水魚の知見を世に知らせ、まだインターネットなど普及していない時代に、各地で孤立して保護に取り組んでいた個人や団体の情報交換、発信の場となった。九四年、惜しまれつつ淡水魚保護協会は解散する。

二〇〇五年、日本生態学会が大阪で開催された時のことだ。私たちは淀川水系の希少淡水魚アユモドキの保護について集会を開催した。そして、協会を解散した後、元気がないという木村さんを招くことにした。集会の最後に、ひそかに引退セレモニーを用意して。

現役ではないと渋るのを、お願いして参加いただいた集会。最後に登壇した木村さんは、最初こそ思い出などを穏やかに話していたが、核心となると激高。「このままでは淀川を守れない」と居並ぶ皆を叱責《しっせき》、そのまま帰ってしまわれた。

その後、木村さんは再び、情熱的にイタセンパラの保護活動の一線に立つ。

著書のあとがきにある。「いるとうるさくて困る。しかし、いなくなるともっと困る」

その言動は辛辣《しんらつ》にして軽妙。花束と伝えられなかったねぎらいの言葉を私たちの胸に残し、九十四歳で逝かれた。

（二〇一六年三月二十七日）

＊著者は、一時期、淡水魚保護協会の理事として、リュウキュウアユ保護にかかわった。

旅人の選んだ川

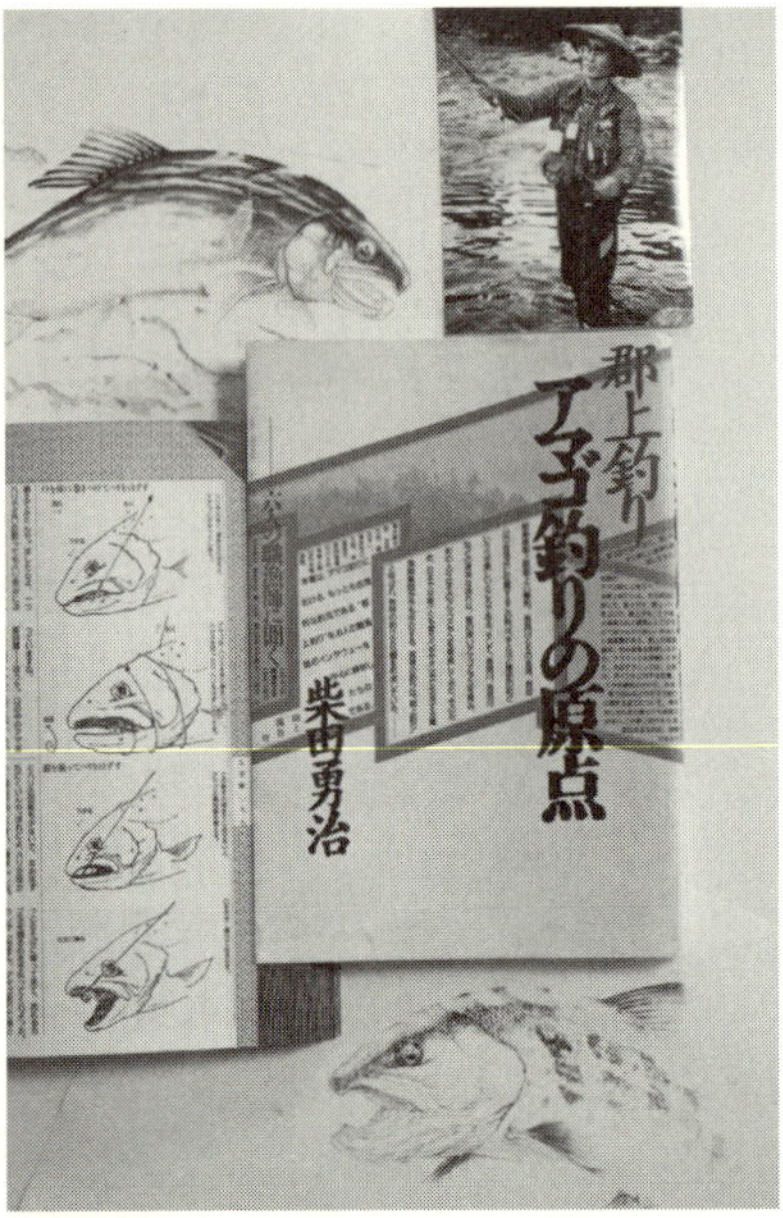

柴田勇治さんは画家、旅行作家、釣り人、民族研究者と多彩な才能の持ち主だった

訪ねる先のあてもなく長良川に向かった。一九八八年三月初め、七月には長良川河口堰《ぜき》の建設が始まる年だった。

私はその前年、大学時代の恩師が以前かかわった「木曽三川河口資源調査」報告のとりまとめを依頼された。知識としては長良川の自然について知っていたつもりだったが、現地に行ったことはなかった。

三重県の桑名から岐阜まで川沿いをたどる。春も早く、漁をする人はいない。岐阜駅近くで一泊するが、得るものはなく、北上して郡上八幡を見て帰ることにした。

支流・吉田川沿いの「ふきのゆ」という民宿の主人に借りた一冊の本『郡上釣り　アマゴ釣りの原点』（山と溪谷社）。その本には、魚釣りが職業として成り立っていた郡上八幡の暮らし向き、六人の職漁師のワザが、精緻《せいち》な図と聞き書きで解き明かされていた。

筆者の柴田勇治さんは一九三八年、天草（熊本県）生まれ。日本各地を訪ね生活文化を記録、三十代からは月刊旅行誌の仕事で八年半、百数十カ国を取材されたという。当時、生活の場を東京から郡上八幡に定め、十三年目。訪ねたお宅には、表情豊かな長良川のアユ、アマゴの水彩画、シルクロードで描いたという仏像のスケッチ、膨大な量の各地の写真、郡上おどりのお囃子《はやし》を録音したテープなどがところせましと置かれていた。

めがね越しの瞳は鋭く、好奇心に満ち、小柄な体からは、見聞きした全ての事象を描き、記述しようとする情熱があふれていた。

出会いから後、私は長良川に通うようになる。生物だけではなく、人の暮らしを通して川を見る。川を捉える視点もまた、柴田さんに学んだものだ。

あまたの地を巡った旅人が、終《つい》の場所と定めたのは長良川の畔《ほとり》の地だった。昨年の盛夏、画人は自宅前にアユ釣りに出かけ、不帰の旅人となった。

（二〇一七年九月三日）

アユの生まれるところ

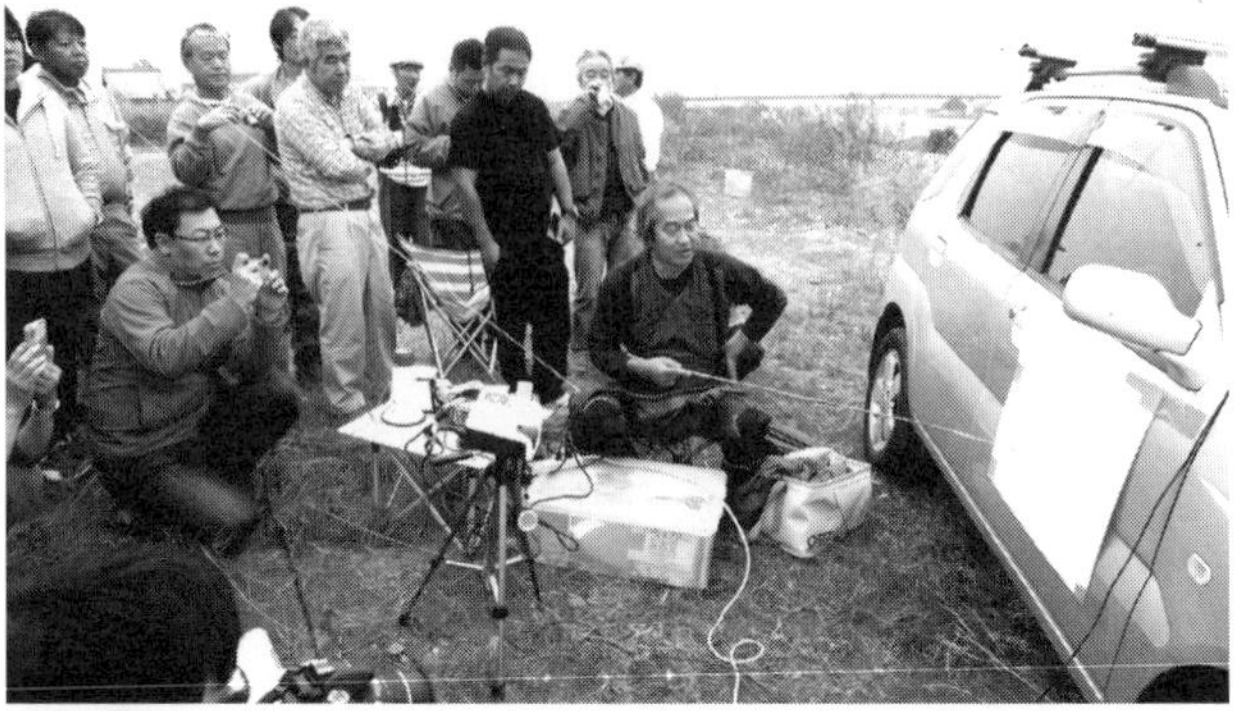

2015年11月7日に行われた「アユの産卵を見る会」。水中カメラで撮影した映像を中継して、解説をする

「長良川のアユはどこで生まれるの」と彼女が聞いた。一九九〇年秋のことだった。

　森野康子は、岐阜市内で生まれ育ったコピーライターで、市の広報、地方紙の編集などもしていた。当時、岐阜では全国的に広がった長良川河口堰《ぜき》反対運動を受けて、地元での野外コンサートの企画準備が進められていた。彼女はそのコンサートの事務局長。その頃の私は、川崎市に住んでいたが、たまたま参加した準備会議の後の飲み会でのことだった。

　アユは川の下流域、市街地に近いところで産卵する。私は、長良川の場合、アユの産卵場は岐阜市内にあること、鵜飼で全国的に知られた長良川のアユは全て岐阜市の生まれなのだと話した。

アユは緩やかな瀬の部分で産卵する。水面から見ただけでは、表面が波打って群れが動くくらいしか分からない。当時私は、小型の監視カメラを水中用に改造してサツキマスの水中撮影をしていた。その小型カメラでアユの産卵を撮影して、モニター画面で中継したら、陸上でも見られるのではないか。

仲間を募り、発電機やテレビを河原に持ち込んで準備をした。初めて見たアユの産卵の瞬間。なによりも彼女が驚いたのは、アユが岐阜市内の交通量も多い町中で産卵しているということだったようだ。

「岐阜の人は、アユがどこで生まれとるか知らんと思う」

岐阜の人に産卵の瞬間を見せたい。彼女の発案から始まったのが、今年二十六回目となった「アユの産卵を見る会」だ。

それからの私は、彼女に惹《ひ》かれ長良川で共に暮らすことを選んだ。その彼女は河口堰の本格運用が始まった年に病を得、九八年の夏に不帰の客となった。

彼女が逝った秋も、私は仲間たちと「産卵を見る会」を行っていた。産卵を終え、一年で一生を終えるアユの姿を、その命の最後のきらめきを見届けていた。

（二〇一五年十一月十五日）

津波の記憶

津波でご神体が流れ着いた「赤池」での神事が終わった後、餅まきに集まった人々＝浜松市北区細江町で

東北最大の流域を誇る北上川には、河口が二つある。一つは旧北上川と呼ばれ、宮城県石巻市の市街地を流れて石巻湾に注ぐ。もう一つは牡鹿半島を隔てた北側の追波《おっぱ》湾に注ぐ新北上川だ。

東日本大震災による津波で、児童と教職員計八十四人が犠牲となった石巻市立大川小学校の悲劇。津波にのまれながら助かった四人の生徒の一人、Tくんの祖父、只野弘さんは新北上川の河口域でシジミ漁をされていた。二〇一一年に先立つ数年間、私は只野さんの漁場でシジミなどの生物調査をしていた。多い年には、年間で二カ月ほども大川小学校に近い宿に滞在していたが、震災後、現地を訪ねると、河口域の地形は元の形をとどめず、亡くなった只野さんのお住まい一帯は跡形もなく流出していた。

私は浜名湖（静岡県）の北岸の町で生まれ育った。氏子として山車を曳《ひ》いていた細江神社に祭られているのが「地震の神様」であると知ったのは、成人してよその地に暮らすようになってからだ。

細江神社のご神体は、元は浜名湖の湖口（静岡県湖西市）に祭られていた。一四九八（明応七）年の大地震・大津波で流出、湖内の村櫛半島に漂着して仮宮で祭られる。一五〇九（永正六）年、再度の津波で流されて、細江町（浜松市北区）内の赤池という場所に流れ着く。それを現在の場所に祭ったのが細江神社だと社伝は伝える。

淡水湖だった浜名湖が、海と繋《つな》がって汽水湖となったという大災害。大地震で津波が来襲して神様が漂着された場所が赤池だ。そして、五百年前の大災害を今に伝えているのが、赤池で執り行われている神事なのだろう。

現在の科学では地震災害を予見できない。しかし、災害の記憶をとどめ、安全な場所を後の世に伝えていくという試みを、先祖たちは「祭礼」という形にして子孫に残した。

近い将来に必ず起こるという南海トラフ地震。この場所までは津波が来るのだという教えを、故郷の祭りの中に見たのだった。

（二〇一六年十一月六日）

川に行こう

川ではライフジャケットを着ましょう。ペットボトルとロープの準備も

日本の川は世界一。飲んでも安全な水が、都市のごく近くを流れる素晴らしさをぜひ楽しみたいものです。ただ、川には危険が潜んでいます。

ライジャケ（ライフジャケット）を着ましょう。

川では体が浮きません。塩分を含む海水と比べ、川の中は浮力が小さいのです。特に子どもは体脂肪が少ないので体が沈んでしまいます。ライジャケは川遊びの必須アイテムです。

ライジャケは、胴回りをベルトで固定できるタイプを。そして、「股ひも」というベルトがあるものを選びます。必ず股ひもを股の間に通します。子どもが着た状態で、ライジャケの肩をもって持ち上げて、ずれずに体ごと持ち上がることを確認しましょう。

川は流れています。ゆっくりに見えても、必ず川には流れがあります。子どもが川で流されて、それを助けに行った大人が事故に遭うことが多いのです。もしもの時には、岸からロープを投げて救助します。

二リットルのペットボトルに、三分の一くらい水を入れます。荷造り用の白いロープで、太めのものを選びます。ペットボトルの首の部分に巻きつけて縛ります。「巻き結び」という方法が便利です。ロープの反対には滑りにくいように、輪っか、結び目を作り、しっかり握ります。ロープは絡まないように、河原に広げます。

投げ方はソフトボールのように下手投げで。ペットボトルから三十センチくらいのところを持ちます。いったん、前にボトルを振り、腕全体を振り子のように後ろ側まで九十度くらい振ります。ボトルが反動で前に返ってくる時にタイミングを合わせて腕を振り、三百六十度ぐるりと腕とボトルを回して、腕が真下に来た時に離します。

もし、子どもが流されたら、川の流れの速さを確認してください。岸を下流に移動して岸辺からロープを投げます。子どもがペットボトルにつかまったら、ロープを強く引き寄せるより、ロープをゆっくりと引き、流れを利用して子どもを岸に寄せます。

素晴らしい夏を安全に。

（二〇一六年八月十四日）

伝える川の智恵

目印の小石を置く。手前は浴室用ラジオ（左）と雷警報器

長良川の上流、郡上八幡には伝説的な釣り師がいた。その一人、恩田俊雄さんは全国に知られたサツキマス釣りの名人。請われて釣り場所や仕掛けなどを訪れる釣り人に教えた後、恩田さんは必ずこう言った。

「釣り始める時、水際に小石を一つ置きなせい」

その小石は、直径五センチくらい、水面ぎりぎりのところに置く。釣り場から見えるような場所を選ぶ。小石に水がついたら、水位が増している。上流で雨が降りだした証し。川から上がる判断を。小石が流れたら命が危ない、すぐに河原から高い場所へ避難しなさい。川で生きてきた釣り名人の命を守る教えだった。

電波の状態がよい場所では携帯電話、スマートフォンなどで最新の気象情報を確認することが大切だ。しかし、谷筋や、上流域などの釣り場、キャンプ場では電波が届かないことも多い。そんな場所で雷雨の接近を知るのにはラジオだ。

受信バンドはAM波を選び、番組は選局しない。強い電波を受信していると、電子回路が雷の発する電波をノイズとして消してしまう。ラジオからザーというノイズだけするなら近くに雷雲はないが、バリッという音がしたら雷雲が近づいている。早めに屋内や自動車の中などへ避難する。雷鳴が遠ざかってもラジオからはバリッという音が聞こえたら、まだ落雷の危険は去っていないからご注意を。浴室用の防水ラジオは野外でも便利。

雷雲の接近を知る道具として米国製の雷警報器というものもある。雷雲発生で警報音が鳴り、LED（発光ダイオード）が六十キロ先から四段階で雷雲までの距離を表示する。

谷沿いの小さな川にいた時のことだ。木立越しに見える空に雲の影もなかったのだが、水中からサワガニの群れが現れ、一斉に崖をよじ上り始めた。妙なことだと、高い場所に移動したが、十分もしないうちに鉄砲水が上流から押し寄せてきた。生き物の行動が危険を教えてくれることもある。自然の中では何かの変調を感じることも大切なことだ。

（二〇一五年八月二十三日）

「出会い」が守った川

ダム建設から守られた「大釜」の写真と撮影した元大釜倶楽部の長屋泰郎さん（右）。左はＮＰＯ法人「足温ネット」代表理事の奈良由貴さん

各地の川を訪ねる。ダムが計画されている川は選んで行くようにしている。これから造られようとしているダムは、何らかの問題を抱え、着工まで長い期間がかかっている。ダムが計画されると、河川工事が少なくなり、結果として、素晴らしい自然が残されている。

長崎県の石木川はそんな川だ。計画から五十年余、いまだ十三世帯六十人が暮らす集落には、日本の原風景というべき小さな川が流れている。その川と人々と暮らしを記録した映画『ほたるの川のまもりびと』が全国各地で上映されている。

「出会い」が守った川がある。岐阜県の長良川最大の支流・板取川。その上流、板取村（現・関市）の西ケ洞に、中部電力がダムと揚水発電所を計画した。西ケ洞は地元の人でも行くのが難しい、秘境というべき渓流で、水没予定地には「大釜」と呼ばれる巨大な甌穴《おうけつ》があった。一九九七年、板取村は建設に同意し、ダム工事が始まった。

その年、私は友人の環境活動家・田中優さんから誘われて、都内で開かれた揚水発電所問題の研究会に参加した。そこで、研究会を主催したNPO法人「足元から地球温暖化を考える市民ネットえどがわ」（足温ネット）のメンバーと出会う。

「故郷をつくってみないか」。私は東京生まれだという彼らを板取に誘った。

出会いは素晴らしい「化学反応」を起こした。孤立していた地元は「大釜倶楽部《くらぶ》」をつくり、足温ネットを迎えた。都会から来た人々が、その自然とそこに暮らす人々に魅せられる。それは、地元に誇りと活力を呼び覚ました。

足温ネットと大釜倶楽部は、ダム建設が続く中でも、しぶとく、ダム建設反対を続け、二〇〇六年二月の建設中止決定を迎える。

出会いが、計画をほんの少し遅らせた。その間に電力の需給予測は変化し、中部電力は経済原理にのっとって、ダム計画を中止したのだった。

ダム建設中止をもって大釜倶楽部は解散した。しかし、板取川で川を知った都会の子らは、今、その子を連れて故郷となった川を訪れている。

（二〇一八年五月二十日）

「全長良川流下行」記

一九八八年七月二十日　大日ヶ岳山腹から

雨が降り続いている。同行の徳田幸憲が悪態をつきながら寝袋の下にゴミ袋を敷き込んでいる。ガスランプの下で、ボクたちは「長良川河口堰《ぜき》建設に反対する会」のAさん、その他に送った「全長良川流下行日程表」と、長良川流域の地形図とを見比べていた。

一週間で長良川源流域より河口部まで約一六〇キロを流れて下る。一日に二十キロ余りを泳ぎきることがはたして可能か。しかし、七月二十七日午前十時までに、ボクたちは長良川河口堰建設現場に到着し、ちょうど執り行われているであろう起工式に対して、水中より異議を唱える必要があるのだ。

ボクたちの「河口堰建設に勝手に反対する会」は突然に生まれた。旅先でたまたま手にした週刊誌に載っていた記事で、河口堰本体工事の着工を知った。いつだってそうだったんだ。ボクたちの鼻先で時代は変わる。

日本から川が消えていく。その時代を、また傍観者として見ていくのか。勘弁してほしい。もう嫌だ。ボクは一言文句がある。いやしくも日本人として、わが国最後のダムのない川の最後を、見届ける義務があると思った。

それにしても全国版の新聞、マスコミの無関心さはなんなのだ。ボクたちは最後のものを失おうとしているのに。できるだけ多くの人に、ボクたちが何を失おうとしているのかを知らせなくてはならない。しかし、名もないボクに何ができるのか、何をしたらいいのか。それには川自らに語らせることしかない。日本最後の川たる長良川、その本質であるダムのない川の意味を。そこで源流より河口まで、身一つで流れて下ることにした。川の流れの代理人として。

岐阜の山奥にこもり、イワナしか撮らない友人の写真家、徳田を誘った。川の生物を研究する者として、一つの川のすべてを自ら体験するというのは、ある種の夢であり、心躍る旅となるはずだった。しかし川下り前夜、下見に十分な時間がとれなかったこと、あまりにタイトな計画。雨のテントの中、ボクたちはジクジクした緊張の下にあるのだった。

二十一日　お尻の青あざ

雨は上がった。ウエットスーツに着替え、長良川源流の碑がある叺谷《かますだに》の夫婦《めおと》滝を潜ってみる。「みんな放流のアマゴだね」。徳田はアマゴの顔に生気がないとこぼしている。ダムのない長良川ではあるが、源流部には他の川の例にもれず多くの砂防ダムが造られている。高鷲村（現・岐阜県郡上市）穴洞の砂防ダムは特に大きく、環境庁（現・環境省）が行った全国河川の横断構造物（堰、ダムなど）の調査では調査員がダムとして記録してしまった例がある。地元の人々は、この大きな砂防ダムを〝マス止めの大堰〟と呼んでいた。ここに車を置き、流下の旅はスタートすることになる。

新聞社諸氏の見送りを受けて川下りは始まった。ボクたちのいでたちはといえば、黒のウエットスーツに水中マスクとシュノーケル、荷物は防水バッグと、本来は人間が着るドライスーツ（水の入らない潜水服）の中に、簡単な着替え、食料、フィルムなどを入れた。陸を行く協力者が見つからなかったこと、少しでも時間がほしいことから野宿はしないことにした。ボクと徳田は互いに水中カメラを持ち、水面から見た陸上を記録する。ボクたちの目的を川の周囲の人々に知らせるスローガンを掲げたノボリを各一本。八幡町（現・郡上市）に在住の民族研究家・柴田勇治さんの手になる「天然鮎がアブナイ」「今河口堰は必要か」のノボリを持って七月二十七日、起工式会場に達するのだ。

ぶっつけ本番で始めたものの、どんな姿勢で下ったらいいのか分からない。頭から行くのが潜水の一般的スタイルなわけだが、流水中はほとんど前が見えないから、たちまち岩に激突してしまう。そこで、ラッコのようにカメラを胸の上に置き、頭だけ水面から持ち上げ、前方を見るというひどく不自然な姿勢で下ることになった。しかし、しばらく行くと腹筋が疲れ、腰が落ちる。すると水面下の石に尻をぶつける。その繰り返しである。

しばし奮闘の後、川沿いの自動車修理工場でゴムチューブをもらい、それにうつ伏せに乗って頭から下ることにした。腹筋は楽になったが、洗濯板の上を行く絶叫マシンである。カヌーなどと致命的に違うのは、前がほとんど見えないことと、自分の意思で方向が決められないことである。前方でサラサラといった、軽やかな音がする時はまあ心配ないのだけど、ゴォーと低周波成分を含んだ音がするとヤバイ。前方に落差がある。乗って行くか、岸を歩くか、そこが思案のしどころである。女房、子供のいる徳田はそういった場合は岸を歩く。ボクは歩くのは面倒だと、チューブに乗ったまま行く。たいていしまったと思うのだが、目の前が真っ白になって、どこかしら体をぶつけて、滝の下でわれに返る。

すっかり疲れ果て、たった八キロしか進んでいないのを知る。民宿にたどり着き、風呂に入る。徳田の尻に、見事なアザができている。旅の終わる頃には立派な青タンになっているだろう。彼を冷やかして自分の足を見れば、左右の足、膝から下の形が異なっていた。

二十二日　水没、水没、そして水没

二人とも起きられなかった。思いもよらないところが痛い。トイレに入ったが、しゃがむのに苦労する。ウジウジとウエットスーツに着替え、水に入る。昨日よりも若干水量が増し、流れも緩やかになり、少しは周囲を見回すゆとりも生まれる。白鳥町（現・郡上市）内に入ってアユ釣りの人々が増えてきた。釣り人は下流を向いて竿《さお》を出している。そこに全身黒ずくめ、何やらノボリを持った二人組が通る。流れの緩やかなトロの部分はアユも少なく、釣り人も少ない。ボクたちも釣り糸を避ける余裕がある。釣り人が多いのは瀬頭だ。そこは流れも強く、速く、ボクたちの進路は流れまかせとなる。釣り人を見てボクたちは「すいません。通ります」と叫ぶ。たいがいの人はビックリしておとりアユを岸側に寄せ、ボクたちの方を見る。すると釣り人は、チューブにしがみついて、小さな滝に突っ込み、白い泡の中に潜った黒ずくめのボクたちを見るのだ。人はどうも理解を超えたものを見た時、口が開きっぱなしになる傾向があるようだった。ごめんなさい。先を急いでいるものですから……。

名古屋のテレビ局の方が岸辺に待っておられた。ちょうど昼時でもあり、一休みする。河原で車座になり昼食をとっていた釣り人が缶ビールを差し入れてくれる。うまいのでついついおかわりまでしてしまった。昼間のビールは体をだるくする。

白鳥町内には小規模な堰が何基か造られている。いずれも生活用水、農業用水の取水を目的としたものと見受けたが、古いものが多く、部分的にはかなり壊れていたりする。魚道など付けられていないものばかりだから、少し壊れたくらいが魚にとってはいいのだが、川下りの者にとっては実にやっかいなことになった。

徳田のチューブが破れ、バッグが水没し、やがてボクのドライスーツも水没してしまった。古いコンクリート内の鉄線が、いたるところに出ているのだ。ボクたちの着替えも、前日撮った大切なフィルムも、みんな水浸しになってしまった。さらにやっかいなことに、堰で水をとられて水量が減り、どうにも流れ下れないところが続く。珪藻《けいそう》、藍藻《らんそう》の付着した石の上を、水没してすっかり重くなった荷物を担いで歩く。河口まではるか遠く、一度休んだらしばらくは動く気にはなれない。悪いことは続くもので、徳田の水中カメラにも水が入ってしまっている。国道沿いの自動車整備工場まで、とぼとぼと新しいチューブを買いに行き、気を取り直し、再び流れる。

大和町（現・郡上市）に入り、宿を探しながら下る。やっと探し当てた本日の宿は、ボクたちには不釣り合いな割烹《かっぽう》旅館である。アユづくし、山菜アラカルト、どうせ水没ついでにとビールもしこたま飲んだ。

二十三日　釣り人たち

川下りも三日目となると、かなり要領もよくなってくる。雑貨屋で求めた風呂マットを切って膝当てにする。これでかなり川石の直撃をやわらげることができた。水量も少し増し、周囲の様子を見る余裕もできた。河原の見通しがよくなってきたこと、釣り人も増えてきたことから、ボクたちに気付く釣り人も多くなってきた。

川の向かい側、ボクたちの直行する流れの岸寄りの釣り人に、向かいの釣り人が叫んでいる。「ホレー、新聞に載っていた……」。その前をわれわれが失礼する。小柄な老人が釣りの手を休め、手を振ってくれる。「ガンバレヨー」。恥ずかしそうな小さな声だったのだけれど、あの笑顔は忘れられない。かと思うと、こんなこともある。

中州で仕切られた本流と分流。水深のある本流の方が石による打撃も少なく、距離もかせげる。当然ボクたちもそちらをめざす。うまいぐあいに釣り人も食事をとっているところだ。と、座っていた男が血相を変えて中洲の端まで走ってきた。本流を通るなということなのだろう。そのまま行こうと思うが、男はひどく興奮している。石でもぶつけてきそうな怒りようだ。しかたない。難儀しながら、水の少ない石の続く分流を行く。なぜなのだ。彼は昼の休憩中、アユにしたって一度は逃げるが、五分もすれば帰ってくる。アユにしても成長するのに忙しいのだ。通り過ぎる流下物にそうそうかまってはいられない。自分の前の水面を守ること、それは大いに結構。願わくば、より大きな破壊者に対しても同様の怒りを持ってほしい。

計画では二十三日中に釣り人の多い八幡町、美並村（現・郡上市）を通過するはずだった。釣り人とのトラブルは避ける。これは当初から気にかけていたし、漁協からも要望されていた。八幡町に近づき、釣り人はさらに増える。両岸からの竿。川の中央から岸に向かって竿を出す人もいる。これで皆が釣れているとしたら、長良川のアユの生息密度はたいしたものである。釣り人が増えるとともに、文句こそ言わないものの、憮然《ぶぜん》としてボクたちを見下す人々も増えてくる。時は七月下旬、まさにアユ釣りの旬であり、ところはアユ釣りのメッカ、郡上である。

柴田さんの出迎えを受け、八幡町、柴田さん宅で泊まる。

二十四日　流心の大アユ

月曜日である。朝早くから川は釣り人でいっぱい。予定は大幅に遅れている。しかも美並村の長良川は激流である。激流の二十キロを避けて、板取川との合流点まで車で移動する。長良川水系最大の支流の水を得て、川幅、水量とも大いに増す。釣り人も多いが、両岸から釣っても竿は流心に達しない。

両岸の竿の林を横目に行く。今回の流下行で最も楽しかったコースだ。ボクたちの眼前を岩が飛び、小石が舞い立つ。その間を一瞬輝く黄斑《おうはん》を見せて、尺近いアユがきらめく。ボクたちは二本の黒い弾丸となって行く。早瀬をたちまちにして駆け抜け、淵にさしかかってもスピードはそんなには落ちない。一升瓶くらいのニゴイの群れが慌てて逃げまどった。

小雨模様だが、河原は家族連れでいっぱいである。バーベキューの最中の一団が立ち上がり叫んでいる。「ガンバレー」「カゼひくな～」。もうあと少しで岐阜市である。突然、全身に悪寒が走る。嫌な臭いが脳みそを直撃する。川の死んだ臭いである。津保川の下水処理水が流入してきたのである。臭いは直接的に記憶を呼び戻すものであるらしい。その臭いは、ボクに斎場の白い煙突を思い出させた。

岐阜市に入り、千鳥橋際の民宿に部屋をとった。

二十五日　少年のポリ袋

岐阜市を行く。出発して間もなく建設大臣（現・国土交通大臣）の直轄管理区間に入る。川岸の異形ブロック（テトラポットはこの一種の商標）が多くなる。これより上流は県の川、下流は国の川である。献上鮎を獲る御漁場を過ぎる。アユがそれほど多くないのにがっかりする。それに川石が全体に小ぶりなのも気に掛かる。

長良橋を過ぎるあたりから、川岸にめっきり人がいなくなった。流れは速いでもなく、ゆっくりでもなく、退屈しない程度には流れている。一人の少年が現れた。小学校高学年といったところだろうか。白いポリエチレンの買い物袋を持ってボクたちの方に向かって歩いてくる。彼はオーバースローで白い袋を川に投げ捨てた。そして、堤を上って帰っていった。彼にはボクたちも、川そのものも見えていないようであった。

夕方遅くなって車のデポ地点に着く。新聞社のMさんが待っていて、焼き肉をおごってくれた。

二十六日　時速二百五十メートル

今日中に河口に達しなければならない。残りは約二十キロ。しかし、このあたりから川は海の干満の影響を受けるようになる。午前中は干潮だが、午後は潮が満ちてくる。ボクと徳田は交代で車を伴走しながら泳ぐことにする。午前中はボクが車で併走する。引き潮に乗り、徳田は快調に距離をかせいだ。午後はボクが泳ぐ。満ち潮である。泳ぐ手を休めると体は上流へ運ばれる。四時間、ほとんど泳ぎ続けて、やっと一キロ進んだだけ。川は塩辛くはないのだが、まさしく海の影響下にある。それでも干潮になり、水は海に向かって流れ始める。すっかり日も暮れて、近鉄線の鉄橋近くに着いた。

「お疲れさま」。四人の人影が河原を近づいてきた。翌日の水中デモのため、四国・松山からやってきてくれた後輩たちである。やあやあというわけで、河原で酒盛りとなった。

二十七日　河口堰建設現場

徳田とボクは車の中で寝ていた。窓をノックする人がいる。「早くしないと遅れます」。通信社のAさんである。昨晩はすっかり飲みすぎて、まだ酒が残っている。人数も増えて（といっても五人だが）、多少はデモらしくなった。本当はこの川幅いっぱいに手をつないで下りたかったのだけど、とそんな話をしながらスタートする。

いざ行かん、五人のドンキホーテはノボリを持って、風車ならぬ工事現場の浚渫《しゅんせつ》船に向かう。テレビ局のヘリコプターが二機、水面近くまで下りてきて、ボクたちを映していく。な

んだかベトナムの難民になったような気分である。工事現場のすぐ上流でシジミを獲ってい
る人がいる。徳田が「ホラ」と川砂をすくってみせる。ヤマトシジミだらけである。
起工式はすでに終わっていた。岐阜市の河口堰建設反対グループ「長良川河口ぜきに反対する市民の会」の方々が家族連れで待っていてくれた。一緒に記念撮影に収まる。そして、ボクたちの旅は終わった。

雨の時だけ流れる涸《か》れ沢、その下からしみ出した頼りなげな一筋の流れは、いつのまにか谷を穿《うが》ち、平野を潤し、海へ注ぐ。集落に入る前に取り込まれた水も、町の出口で川に戻され、流れ下るとともに、浄化されてゆく。源流から河口まで、自ら流れてみて、川とは水があり、そして流れているものなのだとしみじみと思った。だが、ボクたちの住むこの国では、源流から河口まで、川が自らの水を流すことは、ほとんどまれになりつつあるのだ。

河口堰建設による環境の変化は、変化という範囲をはるかに超えて、川そのものを壊す行為である。河口堰は本質的にはダムであり、ダムが自然環境に及ぼす悪影響のほとんどを有するといってよい。さらに、上流部に造られる通常のダムに比べ、湛水《たんすい》に伴う水質の富栄養化は、より深刻な形で進行するであろうし、湛水に伴う水位上昇は堤防の弱体化、堤内地の湿地化など、新たな問題を下流域にもたらす恐れがある。

上流域のダムであれば、新たな支流の水を得ること、流れ下ることによる自浄作用で、いくらかは水質が改善される場合もあるだろう。しかし、河口部では川はもう後がない。傷つ

き、海に注ぐしかないのだ。しかも河口堰は、確実に長良川の汽水域を消失させる。汽水域は、海域、淡水域を含め、最も生命体にあふれた水域である。中海・宍道湖《しんじこ》の淡水化事業でも問題となったヤマトシジミは、その生息域が消失するだろう。人間にとってヤマトシジミの消失は内水面漁業の衰退にすぎないかもしれない。しかし、自然界全体として見た場合、ヤマトシジミに代表される形ある生命体、つまり他の生物が利用できる形になった「エネルギー＝栄養」の無意味な廃棄である。そして、生物によって利用されなくなった「エネルギー」は海域に注ぎ、水質汚染の要因ともなるだろう。

この二十数年の間、わが国の産業構造は大きな変化を遂げた。長良川河口堰によって得られる工業用水を最も必要としたはずの三重県四日市のコンビナート群は、すでに水余りの状態である。

開発計画は豊かな未来を謳《うた》う。水大量消費時代のふんわりとした夢と、将来における水不足という漠然とした不安感を、アメとムチにして。しかし、失われるものについて、ボクたちは注意深くあるべきではないか。もたらされる豊かさの中身と失ったものの大きさについての悲しい事例を、ボクたちはすでに知っているのだから。

【初出】季刊『水之趣味』第五号（一九八九年一月十五日発行、ベースボール・マガジン社）

終わりに

本棚の『森は海の恋人』（畠山重篤著）を手にした。その本は、発行者の（株）北斗出版、長尾愛一郎さんが、自ら長良川河畔の拙宅まで、お持ちくださったものだった。二〇〇〇年、伴侶だった森野康子の三回忌が終わった年のことだったたと思う。

『森は海の恋人』は、畠山さんの生業、カキ養殖をとおして、海と森との深い繋《つな》がりを世に知らしめた著作だった。長尾さんは、私に、川をテーマとして本を執筆してみないかと話された。それは素晴らしいお誘いだった。長良川とかかわって十年余、私は川について、書きたいことはたくさんあった。そして、私と長良川で暮らした彼女のことを書いておきたいと思った。しかし、いっこうに私は書けなかった。幾度となく仕切り直しを行い、そのたびに、長尾さんは辛抱強く待ち続けてくださった。そして、七回忌までにと目標を定めたのだが、とうとう、書き上げることはできなかった。

二〇一五年、中日新聞社生活部から連載の話をいただいたとき、彼女のことを書く機会がきたのだと思った。そして、「川に生きる」というタイトルを得て、私の中で止まっていた時間が動き出した。

本連載は、書籍にすることを想定して始めたわけではなかった。昨年の七月、琵琶湖博物館元館長の川那部浩哉京都大学名誉教授から思いがけないメールがあった。中部地方の方を通じて、私の連載記事を何回分か、お読みになったという。読んでいない部分を読みたいから送ってほしいという内容だった。急ぎ、掲載順に写真製本して、冊子としてお送りしたが、書籍にしようと思ったのは、それ以降のことだった。全体の構成を見直し、各エピソードを繋ぐ内容を書き加えた。三年にわたって連載してきたため、重複した部分があるのだが、それは、筆者が最も伝えたかったことと、ご理解を賜りたい。

今年、二〇一八年は長良川河口堰《ぜき》建設が始まって三十年目の年にあたる。人生の半分を超える時間を、長良川とかかわることになるとは。それを予想もしなかった出会いの記録「全長良川流下行」記を巻末に再録させていただいた。この記録は、私にとって、初めて活字となった文章だった。この記録を執筆することを勧め、出版社に推薦してくださった故柴田勇治さんと、当時の編集者、門井菊二さんに感謝を申し上げたい。

もし、自分が本を出すことになったら、謝意を伝えたいと思い続けていた相手がある。長良川河口堰など、河川開発事業にかかわる方々だ。環境調査のダイバーだった私は、長良川の魚類について、初めてレポートを作成した。長良川の素晴らしさを伝えたいと腐心したことが、文章を書く契機となった。環境コンサルタントとして接したさまざまな現場での、体験と訓練が本書の基礎となっている。

三年二カ月の連載期間を通じて、お手数をおかけした中日新聞社生活部、丸山崇志さん、市川真さん、小中寿美さん、山本真嗣さん、に深く感謝を申し上げます。

二〇一八年、酷暑の長良川にて

新村安雄

著者略歴

新村安雄（にいむら・やすお）

フォトエコロジスト、環境コンサルタント、リバーリバイバル研究所主宰。1954年、静岡県浜松市生まれ。長良川、琵琶湖、奄美大島、メコンなど、生き物と人間のかかわりという視点から撮影と映像製作を行っている。長良川うかいミュージアム、滋賀県立琵琶湖博物館、世界淡水魚園水族館アクア・トトぎふなどの企画展示、映像提供。共著に『長良川の一日』（山と溪谷社）、『魚から見た水環境』（信山社サイテック）など。

川に生きる　世界の河川事情

2018年8月21日　初版第一刷発行

著　者　新村 安雄

発行者　野嶋 庸平

発行所　中日新聞社　〒460-8511 名古屋市中区三の丸一丁目6番1号
電話 052-201-8811（大代表）　052-221-1714（出版部直通）
郵便振替 00890-0-10

印　刷・デザイン　サンメッセ株式会社

ISBN978-4-8062-0748-1 C0095